男人40⁺決勝關鍵

睪固酮

性醫學權威
簡邦平 醫師——著

☑ 增肌
☑ 減脂
☑ 強骨
☑ 添活力

帥哥變大叔

「整天不動,吃飽就躺下來,肚子愈來愈大!」許多人可能聽過這句話千百回,發生的情況總是,太太晚餐結束收拾過廚房後,發現老公躺在客廳沙發看電視、玩電玩、划手機,嘴裡可能還吃著零食,忍不住再碎碎唸一次。

國外形容這類男性為「沙發上的馬鈴薯」,臺灣則另有很多象形或會意的稱呼:游泳圈、中廣、鮪魚肚、啤酒肚、甚至熊或蜘蛛等。此症的醫學名詞為中央型肥胖,內臟貯存大量的脂肪,是一種常見於中年男性的文明病,也是糖尿病、高血壓、高脂血症、心血管疾病的高風險族群。

年輕帥哥曾幾何時變成了大叔?當然不是睡一覺隔日醒來就如此,是大叔的肚子猶如自動吹氣般日復一日增大,最後像一個游泳圈掛在身上。大叔偶爾想運動一下,卻有氣無力,甚至喘了起來,唯有躺著或坐著最舒服。

二個關鍵因素

帥哥是否會變大叔,以及前後花多久時間「達標」,有二個關鍵因素。

一是克制力強弱。克制力強者,意識到時不我予,已屆「連呼吸、喝開水也會變胖」的年齡,懂得控制飲食並規律運動,縱使無法保持年輕模樣,但腰圍至少還可維持一定尺寸。克制力弱者,三日一小宴,五

日一大宴，無時無刻喝著含糖飲料，不用幾年就「達標」了。

　　另一是睪固酮濃度。睪固酮跟這個有關？不怪你，有相當比例的醫師可能也不知道，而民眾能正確說出睪固酮 3 個字的寥寥可數。這或許跟它的出身有關（由睪丸分泌），又被歸類為性荷爾蒙，任你天馬行空想像，難窺其全貌。睪固酮有促進性功能的作用，但同時具有控制脂肪細胞的數目與分布，是脂肪細胞剋星。可惜它的濃度會衰退變成不足，肚子內的脂肪於是變多，變多的脂肪會消化掉更多的睪固酮，沙發上的馬鈴薯於焉成型，糖尿病、高血壓接踵而至。

中年決勝

　　撇開常見的中廣身材，中年男性常帶著許多特徵，例如容易疲勞，提不起勁、失眠、情慾低落、勃起功能障礙，因此有所謂的中年危機。很多人可能把這些現象看成是正常的，就像中年人有肚子是理所當然的。

　　這可能犯了一個認知上的錯誤，把許多常見的問題當作是「正常」的，而覺得無所謂。

　　睪固酮是男性體內忠實的好朋友，自青春期開始默默地在幫助我們，產生精力活力，刺激肌肉形成，是脂肪細胞的剋星。好景不常，好朋友在 30 歲後逐漸離開男性身體，男性同時出現肌肉與骨密度流失、脂肪囤積、體能衰退、失眠、沒活力與性功能衰退。研究證實，睪固酮治療可改善這些症狀，逆轉糖尿病，也可防止糖尿病前期進展成糖尿病，防止由正常進展成代謝症候群。

　　強健的肌肉骨骼的重要性，不亞於心臟，因為他們支撐全身的重量，讓活動成為可能。這對組合在年輕時代從來不是問題，但老了卻全都是

問題，扮演決定「健康老化」的關鍵角色。

　　要怎麼收穫，就要先怎麼栽！轉捩點在中年時期，把全身健康照顧好！中年過後就是老年，健康體力只會惡化。面對同樣的考驗，有人能履險如夷，有人卻兵敗如山倒。

　　在中年體力與睪固酮由盛轉衰時，你有多少關愛眼神在此？關鍵是在中年時替自己攢存多少的健康本錢，用以應付老年階段的挑戰。倘若抱著沉重身軀、慢性病纏身邁入晚年，生活品質將會是如何，不言可喻。

人生重新充電

　　當曾貢獻汗馬功勞的好朋友日漸減少，甚至身體也陸續出現不足現象時，理論上我們應該展開雙臂歡迎它的回歸。真實情況卻是，我們對它避之唯恐不及，甩鍋給它許多罪名，例如說它會縮短性命、引起心血管疾病或攝護腺癌、性暴力等。

　　人體缺乏荷爾蒙就會產生問題，都需要補充治療，為何漠視男性荷爾蒙缺乏，根深蒂固的偏見著實令人費解。更怪的是，坊間幾乎找不到有關睪固酮的中文書籍，網路或報章媒體也甚少討論。

　　男性健康是我的醫學研究領域，在出版男性性功能障礙、攝護腺健康與攝護腺癌的書籍後，怎可獨漏男性荷爾蒙這位大咖人物？

　　睪固酮的重要性並不亞於這些疾病，男性想要下半輩子過得健康，生活品質良好，男性荷爾蒙必須維持在一定水平之上。這些因素促成了我著手寫睪固酮專書的動機，希望協助大家了解這位好朋友並找回它，讓人生重新充電。

寫給兩性看

睪固酮作用幾乎牽涉全身系統，需運用大量的醫學名詞介紹，如何深入淺出舖陳文章，著實考驗筆者寫作功力。

本書分成五部分：Part I 介紹睪固酮的基本概念，包括生理作用、症狀、診斷條件、補充劑型。Part II 詳細介紹睪固酮治療在各個領域的效果，可更進一步了解治療的影響。Part III 討論睪固酮治療的安全疑慮，由實證醫學舉證破除迷思。Part IV 討論性荷爾蒙在跨性別的角色，這是相當重要的議題，卻很少受到關注。Part V 說明為了發揮睪固酮治療效果，需要同時修正生活型態，提高病患就醫率。

本書另一大特色是有超過百題的問與答，回答臨床上常碰到的問題，與正文內容互相輝映。

書中資料來自醫學期刊、醫學會的治療指引與個人的臨床經驗。睪固酮的觀念充滿偏見誤解，為了撥亂反正，筆者大量引用醫學文章，詳細介紹研究設計方法與結果，強化內容的說服力。

本書寫給男性看，幫助男性重享健康。也寫給女性看，因為低睪固酮雖然是男性獨有的疾病，但女性是全家健康的守護神，伴侶的關心與支持，是驅動男性就醫並且願意長期治療的最強力量。

心無旁騖

我喜歡簡明扼要條理分明地處理事情，本書的編寫即是如此。花俏速成的治療，容易讓人心動，但往往經不起考驗，有如海上浪花。睪固酮樸實無華（單一成分），講究基本功夫（搭配健康的生活型態），需要長

時間的淬鍊，打造整體健康，這是優質的健康概念，跟個人的理念絲絲入扣！

　　個人行醫已近 40 年，2023 年屆齡退休。我很幸運地，從 1991 年醫院（高雄榮總）開幕至今，一刻未曾離開目前這個職位。其他干擾因素，例如個人健康問題或家庭生活，都一帆風順，讓我心無旁鶩，能專心思考解決臨床問題。細數個人在性醫學領域的成績，總共診治 1 萬名男性性功能障礙患者，發表 50 篇的英文原始論文，進行 1 千場的學術演講，出版 5 本中文衛教專書。

　　很高興在短短的有生之年，能留下豐富的臨床醫療知識。行醫之初並沒有替自己立下甚麼目標，只想分享臨床診治經驗，一步一腳印，驀然回首，卻無心插柳柳成蔭，憑藉的是對學術始終不滅的堅持與熱情。

　　藉此新書出版的機會，感謝生命中的所有貴人，也期盼民眾在醫療的進步與自身對健康的投入之下，享受美好的人生。

簡邦平

2021 年 8 月 20 日

Content

Content

Part III 安全疑慮

Content

Part IV 跨性別

Part V 優化治療

Part I

診治
低睪固酮

男性健康是公共衛生上的重要議題，因為男性壽命比女性短、健康問題比女性多卻不愛看病。男性下半輩子的健康與生活品質，跟男性荷爾蒙（睪固酮）高度相關，低睪固酮給健康帶來很多問題，可是大家對於睪固酮治療存有許多偏見與誤解。

男性健康

男性荷爾蒙（睪固酮）牽涉到心血管、肌肉脂肪、身心、性功能、攝護腺、骨骼系統的健康，是男性健康的核心指標。

一、壽命較短

男性壽命比女性少了好幾年是全球的共同現象，有諸多可能原因，但跟性荷爾蒙無關。

　　根據臺灣內政部公布，2020 年國人平均壽命男性 77.7 歲、女性 84.2 歲。男性比女性少活了好幾年，這現象不是臺灣獨有，全世界都一樣，包括已開發國家、開發中國家、甚至未開發國家。

　　什麼原因讓男性的壽命比女性短？很多人馬上想到睪固酮，因為男女最明顯的差別就在性器官與性荷爾蒙，或許腦海裡還浮現一位主張禁慾養生的道士圖像，然而這些推論皆缺乏科學根據。美國哈佛醫學院針對男性壽命較短的現象列舉了幾項可能原因：

1. **比較不顧慮風險**：有些事似乎是命中註定的，男孩的大腦額葉發展比女孩慢，大腦額葉掌控對事情的判斷與顧慮行動後果，此或可解釋為何男性死於意外或暴力事件的機率遠高於女性。這種缺乏深思熟慮及不計後果的傾向，也導致男性喜歡不健康的生活型態，例如抽菸、喝酒過量等。

2. **高危險工作**：執行高危險工作，如戰爭、駕駛、消防員、工地建築等都是以男性為主。

3. **死於心血管疾病年齡早**：男性死於心血管疾病的機率比女性高出 50%，死於心血管疾病的年齡比女性早數年。部分原因可能是男性的雌激素變低，但男性對慢性病控制比女性差恐難辭其咎。

4. **自殺率高**：儘管女性罹患憂鬱症多於男性，且更常有自殺企圖，但自殺成功率低於男性。男性罹患憂鬱症更致命，社會既定形象阻撓男性就醫，且自殺成功率高。據統計，亞洲人自殺身亡比例都是男性遠高於女性，蘇聯最高達 6 倍，日本 2.6 倍、南韓 2.2 倍，臺灣 2.1 倍。

5. **塊頭比較大**：塊頭大的動物都比塊頭小的壽命短，男性塊頭比女性大，因此壽命較短。

6. **不愛看病**：根據美國健康照護研究與品質機構（Agency for Healthcare Research and Quality, AHRQ）調查，45 至 64 歲民眾就醫比率，男性比女性少 30%。

扣除意外死亡，兩性壽命長度其實差不多。但不管怎麼說，男性壽命較短跟男性身上的睪固酮並沒有關係。

二、男性健康

> 男性健康特指專屬於男性的醫療或健康問題，例如性功能、不孕症、男性荷爾蒙、攝護腺、運動等，在臨床醫療上是很重要的區塊。

男性健康特指專屬於男性醫療或健康問題，例如性功能、不孕症、

男性荷爾蒙、攝護腺與健身運動等。如何增加男性的壽命與健康，是公共衛生上的重要議題。

　　壽命統計數字不利於男性，事實上大多數男人也常忽略自己的健康，縱使有症狀也不看醫生，預防保健更不用談。

　　男人不愛看病，有許多亂七八糟的理由，包括擔心真的找出毛病、害羞要脫褲子、沒時間、放不下工作、影響升遷、面子問題，或者壓根兒相信自己不會這麼倒楣。

　　男性的健康問題其實比女性多而且更嚴重，男性應當正視健康問題，勇於跟醫師討論自身的症狀、遵守治療醫囑、良好控制慢性病，並且定期接受健康檢查。

　　慢性病大多是無症狀的，如何提高就醫率是臨床重要課題。男性雖然不愛看病，但碰到下列問題會比較願意就診：性功能障礙、血尿、血便、腰痛與不孕症，剛好都跟泌尿科有關。醫師應該具備足夠的知識，積極介入改善男性健康。

　　男人通常是一家之主，同時是家庭經濟主要來源，家庭生活的重心。男人的短命或殘疾可能對社會、企業和家庭造成重大損失。再說女性雖比男性多活了數年，但在那幾年須獨自面對寂寞、經濟和健康醫療等問題，調查報告指出女性多活那幾年的生活品質並不理想。

　　女性是家庭健康的守護神，照顧全家大小的健康，也會擔心伴侶的健康，發現伴侶有疾病徵兆應鼓勵就醫，因為女性是驅動男性就醫的最強力量。不僅如此，女性的支持通常是男性遵守醫囑長期治療的關鍵。

　　所以現階段應該努力盡量延長男性的壽命，而且是健康的多活幾年，這對兩性與家庭都是值得的。

三、健康核心

> 睪固酮是男性健康核心,維持男性下半輩子的健康與生活品質。

什麼情況下你會禁不住稱讚眼前男性「很健康」?
- 腰圍正常(沒有俗稱的啤酒肚或鮪魚肚)
- 肌肉結實
- 精神奕奕、精力充沛
- 沒有慢性病
- 性功能正常
- 骨骼健康
- 沒有睡不飽的樣子
- 情緒穩定

乍看之下這些條件似乎五花八門,其實它們之間有一個共同元素——睪固酮,人體最重要的雄激素。男性健康特有的議題,包括運動、健身、心血管疾病、性功能與 護腺健康,這些功能都跟睪固酮有關(**圖 I-1**)。

男性下半輩子想維持健康與一定的生活品質,必須有正常的睪固酮濃度。睪固酮濃度不足是中老年男性常見的問題,補充睪固酮可以改善整體健康,很可惜這概念並沒有被廣為認知,低睪固酮患者的診斷率與治療率始終偏低。

有許多原因造成男性不敢使用荷爾蒙或對治療失去興趣,例如畏懼副作用、好像春藥的刻板印象、療效不佳、擔心費用等。這些觀念都是錯誤的,導致男性反而必須付出更昂貴的代價。

圖 I-1 睪固酮是男性健康的核心指標

Q 對睪固酮治療很有興趣，檢查會很麻煩嗎？該掛哪一科？

A 診斷低睪固酮需要抽血檢查睪固酮濃度及臨床評估症狀，在門診即可完成。看診科別可選擇泌尿科、家醫科或新陳代謝科。

Q 睪固酮治療有年齡上的限制嗎？

A 青春期前男童沒有使用睪固酮的適應症。若為先天性睪固酮缺乏男童，睪固酮開始治療的理想時間是在青春期早期，幫助患者身心上的成熟跟同儕相同，以及維護骨密度健康。

成人型低睪固酮男性，只要符合臨床診斷條件，沒有年齡上限，都可接受睪固酮治療。比較年紀大於 70 歲與小於 70 歲接受睪固酮治療，兩組間的治療效果與併發症並無差異。

名稱入門

男性荷爾蒙的生理作用涵蓋全身，為了方便讀者閱讀本書，先介紹幾道開胃菜——關鍵名稱，免得被接下來的主菜，睪（搞）得頭昏腦脹。

　　性荷爾蒙大概是人體最複雜、最忙、負責最多器官的荷爾蒙，生理作用涵蓋全身。睪固酮被歸類成性荷爾蒙，有點委屈，也有點名不符實，可能讓人誤解只侷限在性功能。後續有許多主菜（主題）將一一介紹，怕讀者消化不良，先介紹幾個簡單概念，算是開胃菜，免得被睪固酮搞得昏頭轉向。

一、睪固酮 vs. 雄激素

> 雄激素也稱男性荷爾蒙，睪固酮是男性體內最主要的雄激素，同時也算是一種荷爾蒙前身，因可被轉換成雙氫睪固酮及雌激素，各自發揮不同的生理作用。

　　雄激素（或稱男性荷爾蒙）是一群荷爾蒙的總稱（**表 I-1**），主要作用是控制身體成分（脂肪、肌肉、骨骼、紅血球）、刺激男性發育、精子生成以及精神功能等。

睪固酮（Testosterone）是男性血液內最重要的雄激素，低睪固酮的診斷是測量其血中濃度，治療也是以此成分為主。睪固酮是本書的主角，貫穿整本書的內容。

雙氫睪固酮（Dihydrotestosterone, DHT）算是雄激素家族第二號人物，攝護腺、睪丸或皮膚因為特殊生理需求，將睪固酮轉化成此，生物效力比睪固酮大 2 倍（**表 I-1**）。

脫氫異雄固酮（Dehydroepiandrosterone, DHEA）也是雄激素家族成員之一，由腎上腺製造，生物效力只有睪固酮的五分之一（**表 I-1**）。在男性身上可能只在胚胎時期有作用，故不詳細介紹。

表 I-1 男性體內雄激素生理效用比較表

雄激素中文名稱	相對效力 *	特色
1. 雙氫睪固酮（Dihydrotestosterone, DHT）	300	睪丸、攝護腺、表皮內的主要雄激素，由睪固酮轉換而成
2. 睪固酮（Testosterone）	100	分泌主要來自睪丸，是血清內最主要的雄激素成分
3. 雄烯二酮（Androstenedione）	10	由腎上腺與睪丸分泌，為雄激素的中間產物
4. 脫氫異雄固酮（Dehydroepiandrosterone, DHEA）	5	由腎上腺合成，不能直接作用，被轉化成睪固酮或雌激素

* 為比較生理強度，設睪固酮 100 為強度標準，其餘依此比較得出相對效力值

二、低睪固酮 vs. 男性更年期

> 「男性更年期」大家易懂，但可能造成誤解，建議使用「低睪固酮」。

人體許多系統功能必須靠睪固酮濃度才能正常運作，當睪固酮濃度不足，產生疾病與症狀，稱男性性腺低下症（Male hypogonadism）俗稱男性更年期（Andropause）。在「性腺低下症」前面加男性是為了跟女性區分。男性更年期是大家常聽到的名稱，但跟婦女更年期有很大差異，男性並沒有停止分泌睪固酮，只是濃度不足，為避免誤會建議少用（表I-2）。

表 I-2 比較女性更年期與所謂的男性更年期（低睪固酮）兩者間的差異

特徵	女性更年期	男性更年期（低睪固酮）
性荷爾蒙分泌	從青春期開始至 50 歲，每月循環	青春期後到終老每日製造，有日夜濃度差異
發生年齡	50 歲後很快出現	40 歲以後慢慢出現（指成人型）
性荷爾蒙缺乏程度	完全喪失	仍有製造，只是不足
盛行率	所有 50 歲以上婦女	40 歲以上男性約 20%
原因	卵巢失去功能	疾病與老化

性腺功能低下症臨床有許多分類名稱，可依年齡、病因、可復原性或性別而有不同名稱（表 I-3）。各分類系統強調重點不一樣，但彼此重疊，加上中文名稱又不一致，令人眼花撩亂。

世界性醫學會建議，揚棄過去分類名稱，全以「低睪固酮（Testosterone deficiency, TD）」代替，表明都是睪固酮濃度過低造成的。以前習慣稱睪固酮補充治療（Testosterone replacement therapy, TRT），現今建議改成睪固酮治療（Testosterone therapy）；本書採納世界性醫學會建議。

表 I-3 性腺功能低下症各種分類名稱

分類根據	性腺功能低下症分類名稱
性別	男性（Male）與女性（Female）性腺功能低下症
發病年齡	胚胎期（Very early-onset）、青春期前（Early-onset）與成人型（Late-onset）性腺功能低下症
致病機轉	原發性或續發性睪丸功能不良
致病類型	先天性與後天性（續發性）性腺功能低下症
可復原性	功能性（Functional）與器官性（Organic）性腺功能低下症

三、低睪固酮 vs. 老化

> 低睪固酮有明確診斷條件，治療結果受到肯定，跟抗老化隱含的預防概念並不相同。

老化到底是正常生理現象還是病理現象，目前仍無定論。老化伴隨生理上的許多變化，例如腦力衰退、肌肉與骨密度流失、脂肪囤積、體能衰退、失眠、沒活力與性功能衰退，都跟低睪固酮症狀相同，兩者無法切割。

人體何時開始老化？腦力、視力、聽力、神經反應、肌力、記憶力幾歲開始衰退？要回答這些問題相當困難，因為缺乏明確指標。男性體內的睪固酮自 25 至 30 歲間開始下降，這是人體功能衰退最明確的證據，以此類推到其他器官的衰退時間，雖不中亦不遠矣。男性 30 歲是生理頂峰，35 歲「已經不年輕」，在日常活動當然看不出差異，若在運動比賽場上可就要大嘆時不我予了。

器官何時衰退不是關鍵，關鍵應是何時出現器官衰退症狀？慢性病一開始都是無症狀的，所以要定期身體檢查，血壓、血糖、腰圍都是很好的疾病檢測指標。睪固酮濃度是男性健康指標，國內很多健診中心已將其列為體檢選項。

性荷爾蒙是老化研究的主軸，有些醫學美容中心以荷爾蒙治療當作抗老化宣傳。老化是無法抵抗的，但可以延緩或減輕症狀，宣稱可抗衰老化似乎過頭了。抗老化隱含預防概念，可能不管血中睪固酮濃度高低，也不管有無症狀，只要有意願就可以治療預防。

診斷低睪固酮的目的，在於讓男性了解睪固酮濃度過低會給健康帶來什麼問題，而治療可給男性健康帶來什麼好處。

Q 女性有低睪固酮問題嗎？

A 判斷女性睪固酮濃度過低產生的問題並不容易。婦女經兩側卵巢切除或罹患腦下垂體功能低下症，都會造成睪固酮濃度偏低，但無法確認此對婦女產生何種影響或沒有影響，因此目前不認為婦女有跟男性相同的低睪固酮問題。睪固酮可用來治療女性性功能障礙，但婦女發生性功能障礙跟睪固酮濃度無關。

Q 動物有睪固酮嗎？

A 大部分的脊椎動物，小如蜥蜴、大如豬狗鯨魚，體內都有睪固酮。生理功能主要在於控制性行為與新陳代謝，豬狗去勢後跟人一樣也容易變胖。

有趣的是，睪固酮的結構式從低等動物到人類都差不多，顯見睪固酮經得起物競天擇演化考驗。

CHAPTER

3

睪固酮生理

人體缺乏荷爾蒙都需要補充,怎可獨漏睪固酮?睪固酮跟男性體內的結構成分關係密切,自青春期開始至終老,有必要維持其在正常濃度,以幫助身體維持健康。

一、生成代謝

> 男性體內的睪固酮 9 成來自睪丸,1 成來自腎上腺,由腦下垂體控制每天分泌量。

　　成人的男性荷爾蒙,90% 由睪丸萊狄氏細胞分泌,10% 來自於腎上腺皮質。控制血清睪固酮濃度的系統,從大腦的下視丘開始,接著腦下垂體(內分泌控制中樞),再接著睪丸,此稱「下視丘–腦下垂體–性腺軸」(HPG axis)(**表 I-4**)或簡稱「性軸」(Sexual axis)。性軸結構兩性相同,差別只在下游性腺與所分泌的性激素不同。

　　當睪固酮濃度不足,會刺激下視丘增加分泌,當濃度足夠則抑制下視丘及腦下垂體功能,稱為「負回饋機制」,可維持睪固酮濃度在一定範圍內。

　　腦下垂體分泌兩種荷爾蒙,分別刺激睪丸精子生成與分泌睪固酮。腦下垂體有問題,睪丸的兩大功能同時受到影響,共榮共衰。精子生成需要睪固酮刺激,當睪固酮有問題,總伴隨著不孕症。

| 表 I-4 | 人體由下視丘 – 腦下垂體 – 性腺構成的性軸 | |

位階	器官	釋放荷爾蒙名稱
上游	下視丘	促性腺激素（Gonadotropin-releasing hormone, GnRH）
中游	腦下垂體	1. 濾泡刺激素（Follicle-stimulating hormone, FSH）刺激精卵成熟 2. 黃體成長激素（Luteinizing hormone, LH）刺激性腺分泌性激素
下游	性腺	男性睪丸分泌睪固酮，女性卵巢分泌雌激素

　　睪固酮的前驅物是膽固醇，萊狄氏細胞合成睪固酮所需的膽固醇，80% 來自睪丸本身儲存，20% 取自血液。

　　睪丸有 5 億個萊狄氏細胞，每天可分泌 5~7 mg 重量的睪固酮，生理作用見圖 I-2。每天製造的睪固酮有 3 個去向，大部分由肝臟直接代謝，另 2 個去向是被轉換成他種荷爾蒙。

　　睪丸、攝護腺與皮膚表皮內有 5-α- 還原酶（5-α-Reductase），可將睪固酮轉換成效力更強的雙氫睪固酮，轉換量約占每日分泌量的 0.3%，雙氫睪固酮的生理作用見圖 I-2。

　　脂肪細胞有芳香化酶（Aromatase），將睪固酮轉化成雌激素，約占每日分泌量的 6~8%，雌激素對於維持骨密度至關重要（圖 I-2）。男性體內的雌激素 85% 來自脂肪細胞的轉換，15% 來自睪丸分泌。

　　睪固酮與雙氫睪固酮都需跟雄激素接受體結合，才能發揮生理作用。

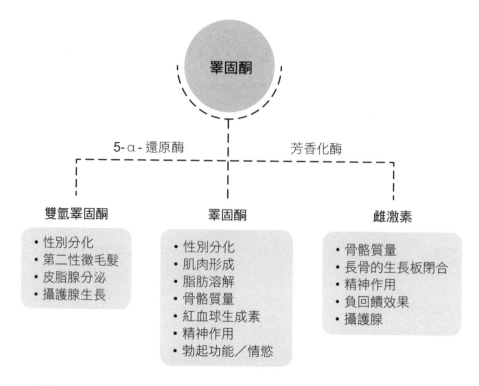

圖 I-2 睪固酮本身是荷爾蒙直接產生作用（中間），也是一種前荷爾蒙，可被轉換成雙水睪固酮（左方）或雌激素（右方）發揮生理作用

二、運送狀態

睪固酮在血清內運送有 3 種狀態，檢測數值也有 3 種不同濃度，臨床最常用的指標是總睪固酮濃度。

睪固酮在血清內運送有 3 種狀態：

1. **游離狀態**：占 2%，游離睪固酮半衰期只有 2 至 4 小時，需要不斷自庫存補充。

2. 與白蛋白暫時結合：占 38%，睪固酮暫時儲存的倉庫。

3. 與性荷爾蒙結合球蛋白（Sex hormone-binding globulin, SHBG）結合：雄激素與此結合部分形成死腔，並不會釋出供身體利用，占總濃度 60%。雙氫睪固酮與它結合的親和力是睪固酮的 5 倍。

基於上述的狀態，檢測睪固酮濃度總共有 3 種數值：

1. **游離睪固酮濃度**：反映睪固酮「現貨」量，但檢驗費用昂貴，檢驗方法誤差大。可直接檢測濃度，另有費莫連公式（Vermeulen formula），需要將 3 項數值（總睪固酮、血清白蛋白與荷爾蒙結合球蛋白〔SHBG〕）帶入公式，由公式獲得的數值可信度優於直接檢測。

2. **生體可用睪固酮濃度**：為游離＋與白蛋白結合的睪固酮兩者的和，代表睪固酮「現貨＋庫存」量，能呈現身體真正濃度。

3. **總睪固酮濃度**：為游離＋與白蛋白結合 +SHBG 三者睪固酮濃度，等於全部「現貨＋庫存＋報廢」量。容易測量，問題在報廢量不明。

若論反映實際狀態，總睪固酮濃度比不上其他兩種濃度，但其他兩種濃度還是有限制，準確度比總睪固酮稍好而已，而且檢查麻煩、費用昂貴。世界性醫學會推薦，以總睪固酮濃度進行臨床篩檢與診斷，不需大費周章。

在臨床診斷檢測睪固酮濃度很重要，但不要糾結在只問濃度正常與否，更重要的是檢測睪固酮濃度跟臨床症狀是否合理，以及判斷治療能否改善健康。

三、生理功能

> 睪固酮的功能跟生長發育、性活動、體力、身體結構成分與慢性病有關，在不同階段缺乏睪固酮，造成截然不同的表現。

睪固酮的生理功能相當廣泛，控制著身體成分（肌肉、脂肪、骨質、紅血球）、精神、性別分化與性功能，又可被轉化成雙氫睪固酮及雌激素，分別執行不同的生理功能（圖 I-2）。

睪固酮跟男性一生的健康，包括生長發育、性活動、與慢性病相關，在各階段缺乏睪固酮各自產生不同的影響（表 I-5）。

表 I-5 男性在不同階段缺乏睪固酮對身體造成的影響

缺乏雄激素時機	胚胎期	出生後至青春期前	成人
病因	先天性	先天性或後天性	後天性，因為疾病（肥胖）與年紀老化
陰莖	難跟陰蒂區分	孩童般短小	正常
睪丸	無	無或小如蠶豆	稍軟
男性第二性徵 *	無	無	有，但表現衰退
身高	瘦小	下半身比例大於上半身	正常
共病	不孕症	不孕症、代謝症候群	肥胖、糖尿病、性功能障礙、心血管疾病
臨床占比	<1%	1~2%	98%

* 男性第二性徵：喉結突出、聲音低沉、毛髮分布、皮膚質地改變等

1. 在胚胎時期促進性別分化，若缺乏將造成中性人。

2. 在青春期以前缺乏睪固酮，男孩會喪失男性第二性徵及生殖能力。

3. 青春期後，睪固酮維持成年男人的雄性外觀、性功能與代謝合成作用，低睪固酮跟肥胖、糖尿病、心血管疾病密切相關，臨床上98%低睪固酮屬這類，也是本書介紹的重點。

Q 青春期前的男女孩體內性荷爾蒙都很低，為什麼行為舉止有很大差異？

A 目前認為胚胎時期的性荷爾蒙在胎兒的大腦內烙印性別，影響青春期前的兩性行為，在男孩大腦烙印陽剛化的是雌激素，而非睪固酮。

Q 男性身高比女性高，跟性荷爾蒙有關嗎？

A 性荷爾蒙在青春期刺激長骨生長，2個因素造成男性身高比女性高：

1. 進入青春期時間男孩比女孩晚1至2年，蓄積更多骨骼成長的能量。
2. 男孩的長骨生長板的關閉時間比女孩晚，允許骨骼成長時間較久。

Q 中性人或陰陽人是同時擁有兩套男女生殖器官？

A 每個胎兒都準備兩套（一男一女）原始生殖發育系統，性荷爾蒙的刺激讓其中一套發育成完整器官，同時抑制另一套使其萎縮退化。

睪固酮與雌激素的作用很像強酸與強鹼，彼此互不相容，此強就彼弱。假如性荷爾蒙訊號不夠清楚，此時絕不是兩套系統各自完整發展，而是兩套系統進退失據，外生殖器很難看出是陰莖或陰蒂，稱作中性人或俗稱陰陽人。

若有必要，醫師須根據外型偏向及染色體分析結果，獲得父母親同意後，替嬰兒施行性別矯正手術。

Q 在青春期睪固酮刺激陰莖生長，成人使用睪固酮可讓陰莖再增長嗎？

A 睪固酮可刺激青春期男孩的陰莖生長，是因為有雄激素接受體，因此可發揮作用。過了青春期，雄激素接受體就消失了，使用睪固酮或缺乏睪固酮都不會影響陰莖長度。

Q 「雄激素接受體」會影響雄激素的表現嗎？

A 雄激素接受體屬於類固醇及甲狀腺接受體族群，表現受基因影響，個體間也有差異。睪固酮及雙氫睪固酮都需要跟雄激素接受體結合才能產生作用，接受體的表現因此會影響睪固酮的作用及臨床症狀、甚至對睪固酮治療的反應。

歐洲某些荷爾蒙治療中心，把雄激素接受體的基因定序列為常規檢查。臺灣也可執行這種檢查，但費用昂貴，僅作學術研究用途。

Q 合成睪固酮需要膽固醇，多吃膽固醇會增加睪固酮濃度嗎？

A 膽固醇是人體細胞膜與固醇類激素的前驅物，但人體根本不怕來源不足，因為每日都會自己合成加上外來攝食。刻意補充膽固醇，不會增加睪固酮合成，反而可能因熱量過高造成肥胖，導致睪固酮降低。

Q 睪固酮與性荷爾蒙結合球蛋白（SHBG）結合，有哪些影響因素？

A SHBG 由肝臟製造的球蛋白，半衰期 7 天，主要生理功能跟性荷爾蒙（睪固酮、雙氫睪固酮與雌激素）結合，因此得名。女性體內的 SHBG 是男性的 2 倍高，影響女性的性荷爾蒙生理表現大於男性。

　　讓 SHBG 增加的狀況有老化（40 歲以後明顯增加）、肝炎、肝硬化，減少身體可用的睪固酮濃度。讓 SHBG 減少的狀況有肥胖、腎臟病與甲狀腺機能低下症，增加身體可用的睪固酮濃度。

MEMO

診斷低睪固酮需要有相關症狀（臨床診斷），加上檢測血中睪固酮濃度（生化診斷）。建議對風險族群篩檢，不建議篩檢無症狀男性。

一、臨床診斷

| 典型的低睪固酮症狀為肥胖、第 2 型糖尿病與性功能障礙。

低睪固酮診斷需要有相關症狀（臨床診斷），加上檢測血中睪固酮濃度低於正常（生化診斷）。低睪固酮相關的症狀或疾病如下：

- 肥胖：睪固酮控制肌肉與脂肪的體積與分布，男性腰圍超過 90 公分是罹患低睪固酮的最高風險。
- 代謝疾病：睪固酮低下易合併糖尿病、高血壓、高脂血症和肥胖症。
- 性功能障礙：睪固酮跟男性勃起反應、維持情慾、晨間勃起有關，睪固酮低下容易罹患性功能障礙。
- 身心症狀：睪固酮低下症易出現疲勞、失眠、憂鬱症、情緒不穩定。
- 骨密度降低：男性體內睪固酮會轉化成女性荷爾蒙，兩者共同維持骨質密度，睪固酮低下會造成骨質疏鬆，增加骨折風險。

低睪固酮的症狀與疾病相當廣泛，使用標準化問卷配合理學檢查，可收事半功倍之效。臨床最常用的二種問卷如下：

1. 男性老化低雄激素問卷（Androgen Deficiency in Aging Males Questionnaire, ADAM）（表 I-6）：採二分法回答 10 個問題，當第 1 題與第 7 題回答「是」，或任何 3 題回答「是」，表示有低睪固酮症狀。

表 I-6 男性老化缺乏雄激素問卷
（Androgen Deficiency in Aging Males Questionnaire, ADAM）

項次	症狀	項次	症狀
1	性慾有衰退？	6	憂傷和／或悶悶不樂？
2	覺得缺乏活力？	7	勃起硬度有衰退？
3	力氣與／或耐力降低？	8	運動能力有衰退？
4	身高有減少？	9	晚餐後昏昏欲睡？
5	覺得「人生的樂趣」減少了？	10	工作表現最近大不如從前？

2. 男性老化症狀問卷（Aging Males' Symptoms, AMS）（表 I-7）：
含 17 個題目，分 3 個類別，1~8 題為精神問題，9~14 題為身體症狀，15~17 題為性功能。每題分 5 個等級，分數愈高症狀愈嚴重，1 代表無症狀，5 代表非常嚴重。

加總 17 題分數，總分落在 7~26 分屬無症狀，27~36 分屬輕度，37~49 分屬中度，50 分以上屬重度。分類詳細且有級別，學術研究多採用此問卷。

表 I-7 男性老化問卷（Aging Males' Symptoms, AMS）						
項次	症狀	無症狀	輕微	中度	嚴重	非常嚴重
1	感覺整體身體與精神健康衰退	1	2	3	4	5
2	關節疼痛與肌肉疼痛	1	2	3	4	5
3	過度流汗	1	2	3	4	5
4	睡眠困擾	1	2	3	4	5
5	需要更多睡眠，經常覺得疲累	1	2	3	4	5
6	暴躁或是易怒	1	2	3	4	5
7	神經質	1	2	3	4	5
8	焦慮不安	1	2	3	4	5
9	體力衰退 / 缺乏活力	1	2	3	4	5
10	肌肉強度減少	1	2	3	4	5
11	憂鬱	1	2	3	4	5
12	感覺人生的高峰已經過了	1	2	3	4	5
13	感覺精疲力盡，似乎掉進谷底	1	2	3	4	5
14	鬍鬚生長變得緩慢	1	2	3	4	5
15	性活動的能力及頻率減少	1	2	3	4	5
16	晨勃次數減少	1	2	3	4	5
17	減少性慾 / 性衝動	1	2	3	4	5

使用問卷要注意：

1. 問卷內容偏重在相關主觀症狀，忽略了肥胖、糖尿病、骨密度，所以仍需要進行理學檢查或問診。

2. 問卷不適合用於篩檢，因為靈敏度（Sensitivity）很低，適合用來評估治療改善症狀。靈敏度是當判斷為陽性，有多少比率是真陽性；特異性（Specificity）是當其判斷為陰性，有多少比率是真陰性。

3. 低睪固酮症狀跟疲勞、憂鬱或老化無法區分，要加上檢查睪固酮濃度。

二、生化診斷

> 睪固酮濃度的檢測結果受到許多因素干擾，例如日夜差異、年齡、急性感染、人種、檢測方法等，重複檢測可減少誤差。

荷爾蒙的特點是分泌量極微，不僅肉眼看不到，一般生化檢驗也無法測量。1969 年發明放射免疫分析技術，利用這技術可測量血中微量的睪固酮濃度，給低睪固酮診斷帶來突破性進展。

例如想比較肥胖與體重正常男性兩組間的睪固酮濃度，或想研究睪固酮濃度跟症狀的關係，假如無法檢測睪固酮濃度，問題的答案就會跟「算命」差不多。

測定（總）睪固酮濃度在診斷上非常重要，但準確度有限，因為受到許多因素干擾，例如日夜差異、年齡、感染、人種、檢測方法等。必要時，可重測（總）睪固酮濃度、檢測其他濃度，或重新評估症狀。檢測睪固酮濃度須注意下列因素：

1. 日夜差異

腦下垂體黃體生成素（Luteinizing hormone, LH）分泌呈現脈衝式，在半夜強度最高，傍晚降到最低。睪固酮濃度上午8至11點達到最高峰，晚上降到最低，半夜又開始慢慢爬升。

40歲以前男性睪固酮濃度日夜高低差達20%，40歲以後差距縮小至10%。小於40歲者最好在早上抽血，大於40歲則可忽略此變數。

2. 重現性低

睪固酮檢測的重現性不高，變動幅度達65~153%，檢查2次可降低30%差異，3次可降低43%差異。首次檢查低於300 ng/dL者，接受再次檢查高達一半變成高於300 ng/dL，問題可能來自檢驗方法、標本處理、校正誤差。

3. 所謂正常濃度

睪固酮正常濃度多少？全球許多學會推薦的各不相同，莫衷一是。有些專家甚至反對設定正常值，因為容易讓人誤以為濃度正常就沒問題。但若沒有正常值為依據，臨床診治將更無所適從。

美國泌尿科醫學會多年來均採用300 ng/dL（10.41 nmol/L）為正常值，歐洲泌尿科醫學會及世界性醫學會建議正常值為350 ng/dL（12.1 nmol/L），台灣泌尿科醫學會與台灣男性學醫學會遵循後者的標準。有關睪固酮濃度問題，將在第6章再進一步解說。

Q 睪固酮濃度檢測偏低（280 ng/dL），但自己覺得沒有症狀，需要治療嗎？

A 這是臨床常見診斷上的困擾，可從三方面解釋：

1. **睪固酮濃度準確性**：睪固酮檢驗重現性低，若覺得不合理，應重測 1 次。

2. **症狀判定**：所謂「沒症狀」如何定義？是自己一口否認，還是透過問卷評估？有抽血檢查血糖或量腰圍嗎？

3. **嘗試治療**：有無符合診斷並不重要，關鍵是治療能否改善健康。假如沒有生育的需求，可嘗試治療 6 個月。

Q 檢測睪固酮濃度需要禁食嗎？

A 檢測睪固酮最好在早上 7 至 11 點抽血，有無空腹差別不大。若同時要檢測空腹血糖或血脂等，一定要禁食 8 小時。

Q 檢測睪固酮濃度除了抽血以外，有其他檢測方法嗎？

A 唾液內可檢測游離睪固酮，頭髮也可檢測睪固酮濃度，但都缺乏大樣本證明準確度，實用性很低。

Q 第一次睪固酮濃度 **280 ng/dL**，再測變成 **360 ng/dL**，哪一個數值才是對的？

A 睪固酮濃度重現率低，若 2 次檢測結果誤差大，不能說哪一個數值正確或錯誤。可解讀成 2 次都低於 400 ng/dL（此數值以下可嘗試治療），或者 2 次的平均值 320 ng/dL 低於正常值 350 ng/dL，假如也有臨床症狀，則符合低睪固酮診斷。

MEMO

CHAPTER 5 病因

診斷低睪固酮不一定要找到病因，大多數病患是因為慢性病與老化的結果，特徵是大於 40 歲且有子嗣；少部分病患是特殊疾病導致，特徵是年紀輕且合併不孕症。

一、濃度衰退

> 肥胖與第 2 型糖尿病，是中老年男性罹患低睪固酮最常見的共病。

睪固酮濃度在 30 歲達到頂峰，爾後逐年下降，總睪固酮年減 0.4%，游離睪固酮年減 1.3%，生體可用睪固酮年減 1.2%（**圖 I-3**）。進一步解讀資料：

1. 睪固酮在 30 歲達到高峰，代表男性的體力、肌肉與骨密度在 30 歲後開始走下坡。
2. 每個人的最高濃度並不相同，即是健康者彼此還是有相當的差距，而較高者比低者不容易落到正常值以下。
3. 健康者的睪固酮也會逐年減少，若是有肥胖或糖尿病會讓下降加速，後兩者對睪固酮的影響大於年齡因素。
4. 性軸（見 Part I 第 3 章）受老化或疾病影響，無力維持睪固酮濃度至正常。

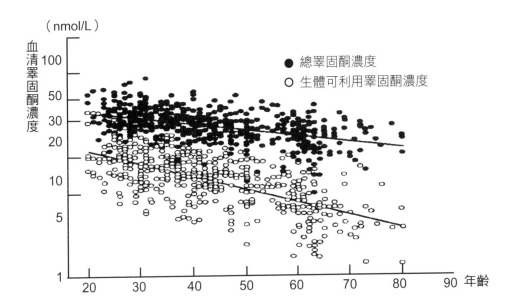

註：橫軸代表男性年紀（歲），縱軸刻度表示血清濃度，實心黑點
　　代表血清總睪固酮濃度，空心圓圈代表生體可利用睪固酮濃度。
資料來源：*Clinical Endcorinology* 2000;53:689-695.

圖 I-3 20 至 80 歲體重正常健康男性雄激素與年齡的關係

　　一項低睪固酮的流行病學調查，受試者由 2,165 位 45 歲以上美國男性組成，低睪固酮盛行率（定義總睪固酮 < 300 ng/dL）達 38.7%。由此估算，全美 1,400 萬男性有低睪固酮，黑人跟白人罹患率無差異，就醫比率約 10%。

　　該調查發現，低睪固酮的最高風險因子是肥胖，勝算比（Odds ratio，指試驗組與對照組比較發生某種結果的比值）2.38，肥胖者高達 52.4%有低睪固酮。糖尿病是次高風險因子，勝算比 2.09，糖尿病病患 50.0%有低睪固酮（表 I-8）。

睪固酮濃度不足、肥胖與第 2 型糖尿病，三者如影隨形出現，始作俑者是誰？矛頭指向睪固酮濃度不足。

　　美國男性老化研究，追蹤 1,709 位年齡界於 40 至 70 歲的男性長達 11 年的時間，發現睪固酮濃度不足者，進展到糖尿病的風險，是睪固酮濃度正常者的 1.58 倍。

　　另一研究追蹤 702 位芬蘭健康中年男性，依睪固酮濃度分成 4 組，研究時間長達 11 年，排除其他影響因素（年齡、抽菸）後，睪固酮濃度最低組，得到糖尿病及代謝症候群的風險，都是濃度最高組的 2.3 倍。

　　兩篇研究獲得相同結論，睪固酮濃度跟胰島素敏感性相關，睪固酮濃度不足導致胰島素阻抗性增加，再幾年容易進展成第 2 型糖尿病。

　　既然已知睪固酮濃度不足會增加第 2 型糖尿病風險，另一個關鍵問題又來了：可以預防嗎？答案是可以的（請見本書 Part II 第 2 章內容）。

表 I-8 慢性病合併低睪固酮的盛行率與罹病風險

慢性病	合併低睪固酮盛行率	合併低睪固酮勝算比
肥胖	52.4%	2.38
第 2 型糖尿病	50.0%	2.09
高血壓	42.4%	1.84
高脂血症	40.4%	1.47
骨質疏鬆症	44.4%	1.41

註：低睪固酮定義：總睪固酮濃度 < 300 ng/dL

二、病因

> 低睪固酮病因可能只是老化、共病或不明原因，這類病患占絕大多數，
> 極少數牽涉到複雜的先天性疾病，年齡及病史很容易區分這兩族群。

　　解釋低睪固酮的病因，須從男性雄性素低下症的分類（Part I 第 2 章表 I-2）著手，當初訂定分類的目的就是區分病因。低睪固酮的病因二極化，從最簡單到極複雜。

　　臨床診斷低睪固酮，絕大多數為成人型雄性素功能低下症，特徵是 40 歲以上有生育史，成因就是老化加上共病促成，病史詢問就可確立診斷。檢查的重點放在有多少未診斷的共病，例如肥胖、糖尿病、高脂血症、骨鬆症等。

　　另一端非常複雜是牽涉到先天性疾病，臺灣人種單純比不上歐美的複雜，先天性疾病總類有限。臨床評估包括腦下垂體功能、染色體分析及腦部的影像學檢查。先天性性腺功能低下症，分原發性與續發性睪丸功能不良，前者的問題發生在睪丸，後者的發生在腦下垂體。因為睪丸無功能，血液的睪固酮主要來自腎上腺，濃度通常低於 100 ng/dL。

　　「先天性性腺功能低下」只是一種表徵，病因診斷要能涵蓋所有問題。患者可能有生長發育、代謝異常或智力問題，因為問題很多，對睪固酮治療興趣不高。

　　表 I-9 列出造成 4 種低睪固酮的荷爾蒙典型表現。

　　雄激素不敏感症候群是唯一血中睪固酮濃度上升者，但無法發揮生理功能，因為雄激素接受體喪失功能，在本書 Part IV 第 1 章有說明。

表 I-9	低睪固酮臨床分類典型的荷爾蒙變化	
疾病名稱	腦下垂體性腺激素	血清睪固酮濃度
原發性睪丸功能不良	上升	下降
續發性睪丸功能不良	下降	下降
後天性性腺功能低下症	下降	下降
雄激素不敏感症候群	上升	上升

以下介紹三種較常見造成低睪固酮的特殊疾病。

1. 克氏症候群（Klinefelter syndrome）

染色體正常數目為 23 對（46 個），其中第 23 對稱作性染色體，決定性別，男性 46,XY，女性 46,XX。克氏症候群為男性最常見的先天性染色體數目異常，多一個性染色體 47,XXY，發生率為每 1/500~1/1000 個新生男童。

克氏症候群患者在青春期以前跟正常男孩沒有差別，青春期後男性第二性徵不會出現，但可能被忽略，直到結婚後不孕症就醫才被診斷出疾病。

典型患者身材高瘦，下半身比例大於上半身，70% 出現男性女乳症，陰莖發育正常，睪丸小如蠶豆，精蟲數目為 0。小部分患者仍可在睪丸找到精蟲，透過卵細胞質內單精蟲顯微注射技術（Intracytoplasmic sperm injection, ICSI），有機會傳宗接代。需長期補充睪固酮，以維持第二性徵與身心健康。

2. 泌乳激素瘤（Prolactinoma）

泌乳激素（Prolactin）在女性身上功能為刺激乳汁分泌，在男性功能不詳。泌乳激素瘤是最常見的腦下垂體良性腫瘤，男性患者平均年齡45歲，在各年齡層（15至65歲）發生率相同。

神經學症狀包括頭痛、視覺異常，有些患者是因不孕症或勃起功能障礙而被診斷出腫瘤。血中泌乳激素超過正常千百倍，睪固酮濃度低於100 ng/dL，靠腦部影像學檢查確認。

若腫瘤體積夠大，手術移除是標準治療，但會同時破壞正常的腦下垂體，需補充腎上腺素、甲狀腺素與睪固酮，然而睪固酮補充卻經常被忽略。

3. 隱睪症 （Cryptorchidism）

睪丸在出生前位在後腹腔，出生前下降到陰囊內，若停在途中稱隱睪症，其中以停在腹股溝最常見。發生率在足產男嬰是3%，早產兒則升高到30%。

隱睪症與低睪固酮呈雙向關係，低睪固酮可能是隱睪症的原因，另一方面隱睪症易造成低睪固酮與不孕症。

Q 肝硬化病患跟睪固酮低下症有關嗎？

A 肝硬化病患有 50~75% 合併低睪固酮，患者肚子無毛、男性女乳症與睪丸萎縮，都是低睪固酮症狀。

　　病患因為發展出側支循環（註：當身體主要血管受阻後，血流會透過原有吻合旁支恢復循環），雄激素在肝臟代謝變少，但被轉換成雌激素更多，降低睪固酮濃度。

Q 洗腎病患也容易罹患低睪固酮嗎？

A 是的，據統計，洗腎（尿毒症）病患有高達 60% 罹患低睪固酮，檢測血中的雌激素與性荷爾蒙結合球蛋白（SHBG）都是正常的，泌乳激素濃度經常增加。

　　病因目前導向尿毒症影響萊狄氏細胞分泌，接受腎臟移植後可改善低睪固酮。睪固酮由肝臟代謝，慢性腎病接受睪固酮治療是安全的，也不需考慮洗腎時間。

Q 空汙會影響睪丸功能嗎？

A 空氣中對人體有害的物質分三大類：氣體（二氧化碳、一氧化碳、二氧化硫）、懸浮微粒（Particulate matter, PM）及放射線汙染物。懸浮微粒中直徑 ≤ 2.5 微米（μm）稱為細懸浮微粒（PM2.5），長時間停留在大氣中，隨呼吸蓄積在肺部。

　　由動物與臨床研究證實，空汙影響內分泌系統與人類精卵品質，甚至影響胎兒生長。因為總是多重空汙原暴露，無法辨識是哪一種空汙原造成的影響，致病原因包括內分泌失調、氧化壓力、DNA 改變與後天基因修正。

Q 若睪丸只剩 1 顆，會較容易得到低睪固酮嗎？

A 僅剩 1 顆睪丸，只要是健康的，血中睪固酮濃度都可維持正常。然而，1 顆睪丸會不會比較容易疲勞導致睪固酮濃度降低，不得而知，目前並沒有研究提供相關結果。

Q 接受睪固酮治療可以注射新冠肺炎（COVID-19）疫苗嗎？

A 可以的，臺灣疾病管制局有特別申明，接受荷爾蒙治療男性可以注射新冠肺炎疫苗。

Q 新冠肺炎（COVID-19）感染跟睪固酮有關嗎？

A 新冠肺炎從 2019 年底開始爆發，肆虐全球，全球至 2021 年 7 月為止有 1 億 9 千萬人確診，死亡人數超過 4 百萬，死亡率達 2.1%。

統合分析報告，住進加護病房逾 8 成為老年男性，感染男女比率為 57.4%：42.6%，高風險族群為老年男性、糖尿病與肥胖，跟低睪固酮完全相同。

新冠肺炎感染跟白細胞介素-6（Interleukin-6, IL-6）的增加分泌有關，睪固酮可抑制發炎，低睪固酮因此讓激素分泌增加、加重感染惡化及增加死亡率。

肺炎濾過性病毒穿透肺泡黏膜，需要跨膜絲胺酸蛋白酶 2（Transmembrane protease serine-2, TMPRSS2），低睪固酮會促進此酶與雄激素接受體增加，增加感染機率。

美國一研究針對感染新冠肺炎的男性，其中 32 位接受睪固酮治療，跟 63 位年齡配對的對照組比較，兩組的住院天數、使用呼吸器、併發症及死亡率，無明顯差異。

Q 身體質量指數（BMI）如何影響睪固酮濃度？

A 影響血中睪固酮濃度三大變數：身體質量指數、年齡與年輕健康時的最高濃度（本錢）。

本錢多寡是有個別差異的，年輕健康時，有的人天生本錢較多（濃度高），有的人天生本錢較少（濃度低），前者當然比後者比較不容易變成低睪固酮。此因素我們無法控制，各種原因也沒有研究報告。

年齡也是無法改變的因素，大家都一樣。

最重要的因素而且是可控制的，是身體質量指數或說是腰圍。臨床研究證實，肥胖是低睪固酮最高的風險因子，身體愈胖睪固酮濃度愈低。這是臨床上經常碰到的數據，一個 30 歲年輕人跟 70 歲老年人，兩者的血中睪固酮濃度都是 300 ng/dL，因為身體質量指數年輕人為 35 kg/m^2，而老年人為 22 kg/m^2。

Q 睪固酮濃度有種族差異嗎？

A 目前傾向認為睪固酮濃度在種族沒有差別。有報告指出黑人比白人有較高的睪固酮濃度，但也有報告顯示兩者並無差別。

CHAPTER 6

濃度與健康

睪固酮濃度是身體健康的指標，反映活力、脂肪、肌力、胰島素阻抗性與睡眠品質。不要以為睪固酮濃度「正常」就沒事，「低下」就代誌大條了。

一、濃度與症狀

> 個別生理功能所需要的睪固酮濃度並不相同，維持體力與情慾需要最高濃度，毛髮脫落要濃度降到很低才會出現。

　　睪固酮維持許多生理功能運作，但各功能所需要的濃度並不相同。維持體力與情慾需要最高睪固酮濃度 432 ng/dL，而熱潮紅與勃起功能障礙要落到 230 ng/dL 以下出現，毛髮脫落要濃度降到最低才會出現（圖 I-4）。睪固酮濃度與症狀之間的關係，有幾個概念值得說明：

1. 並非睪固酮濃度低於正常，就會出現全部症狀，濃度愈低有症狀比率愈高。
2. 情慾與活力需要較高濃度，以此為主訴的病患，治療時的濃度需要提高。
3. 相同濃度不見得出現相同症狀，有個別差異。
4. 症狀通常是多因素的，不見得一定跟睪固酮濃度缺乏有關，嘗試治療 6 個月沒改善，應尋找其他原因。

5. 健康成人體內睪固酮濃度介於 350~1000 ng/dL，能維持在 500 ng/dL
   以上算相當健康，能維持在 400 ng/dL 以上者很少需要睪固酮治療。

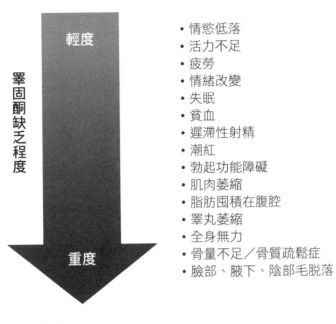

圖 I-4 低睪固酮症狀跟睪固酮缺乏程度的關係

二、濃度與健康概念

> 睪固酮是心血管健康指標，不管是來自內在的或外來的，濃度愈高代
> 表愈健康，但沒必要超出生理範圍。嘗試治療是最能測試身體是否真
> 的缺乏睪固酮的方法。

　　睪固酮在血中濃度概念類似血糖濃度。解讀睪固酮濃度時，不要拘
泥於「正常」濃度（圖 I-5）：

1. 所謂（總）睪固酮「正常」濃度，只是一個參考標準，還有其他濃度標準，症狀是否跟低睪固酮有關更值得考慮，嘗試治療是最能測試身體是否真的缺乏睪固酮的方法。

2. 睪固酮高低是心血管健康指標，低睪固酮增加心血管風險與死亡率，想降低風險就要提高睪固酮濃度，但沒必要超出生理範圍。

3. 睪固酮濃度跟胰島素敏感性相關，長期保持睪固酮濃度可改善第 2 型糖尿病患者的血糖值。

4. 男性荷爾蒙在個體間存在著表現差異，個人的活動體力健康需求不能一視同仁，治療的目的應個別考量狀況。

5. 睪固酮本身刺激肌肉形成與增進活力，睪固酮補充加上運動，能產生加乘效果。

6. 超前部署效果更佳，在糖尿病前期介入延緩進展成糖尿病，在衰退早期介入預防惡化成肌少症與衰老症。

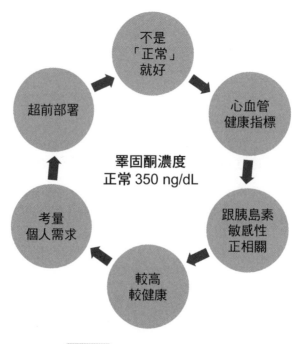

圖 I-5 睪固酮濃度健康概念

三、全球公衛議題

> 低睪固酮全球盛行率大概 20%，是公共衛生上重要的疾病之一。

　　全球平均壽命逐年增加，肥胖也逐年增加，未來低睪固酮盛行率會愈來愈高。美國研究，低睪固酮盛行率隨年紀增高，在 60 歲以上達 20%，70 歲以上 30%，而 80 歲以上高達 50%。低睪固酮在全球都是一個普遍疾病，盛行率介於 20~30%（圖 I-6），盛行率的差異，因為各國判斷症狀及採用睪固酮濃度標準不同，還有受試者的年齡以及共病不同。

　　臺灣多少人罹患低睪固酮？臺灣 2009 年調查低睪固酮盛行率達 24.1%，受試者計 734 位中老年男性平均年齡 57 歲。臺灣男性人口為 1,160 萬，40 歲以上估計占一半，預估 140 萬人有低睪固酮。

　　低睪固酮不僅會造成精神上與身體上的症狀，也預告容易進展成糖尿病、代謝症候群、骨質疏鬆症、心血管疾病等，這些都是健康上嚴重的慢性病。

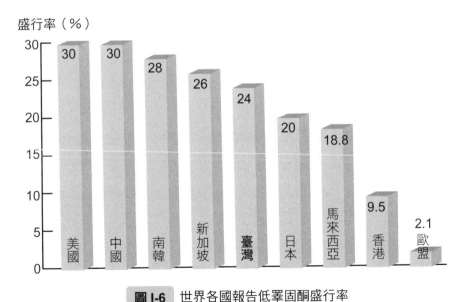

圖 I-6 世界各國報告低睪固酮盛行率

Q 晚上可以抽血檢查睪固酮濃度嗎？

A 成人男性體內的睪固酮濃度有日夜變化，為了準確最好在早上7至11點抽血。大於40歲者日夜差距縮小，下午或晚上抽血也可接受。

Q 為什麼我近幾個月來對愛愛完全失去興趣，是缺乏睪固酮作祟？

A 不是所有情慾低落都是缺乏睪固酮造成的，檢查睪固酮濃度若正常即可排除。性愛類似食慾，高低起伏是常見的，短暫失去興趣有幾種可能：

  1. 缺乏睪固酮
  2. 勃起功能障礙或早洩
  3. 憂鬱症或焦慮症
  4. 夫妻關係緊繃
  5. 工作或經濟壓力

MEMO

CHAPTER 7

適應症、目的、禁忌症與副作用

睪固酮治療可獲得許多的健康上的俾益，而風險相當有限。

一、適應症

> 睪固酮的臨床適應症，以改善低睪固酮相關的症狀與疾病占絕大多數。

睪固酮的臨床運用主要以治療改善低睪固酮病患占絕大多數。幾個重要的適應症包括：

1. 低睪固酮

低睪固酮原因分先天性與後先性，後先性或成人型（或稱晚發型）睪固酮濃度不足是需要治療的最大族群，如何提高患者對症狀的察覺力及尋求治療的意願，是很重要的議題（見 Part V 第 6 章）。

接受睪固酮治療至少要 6 個月以上，情慾通常最先恢復，射精量、高潮與性生活滿意度都能提升，情緒、自信與日常活動活力亦可獲得改善。治療半年後肌肉體積會明顯增加，肌力提升，脂肪體積明顯降低。

雄激素缺乏皮脂腺停止分泌油脂，皮膚變得乾燥敏感。以睪固酮治療，皮脂腺改善效果較快出現，想要增生毛髮可能要半年時間。髮際線可能後退，這是男性的特徵，不是副作用。改善骨密度需要 2 年時間，

年紀輕、骨密度指數低者，改善效果愈顯著。

罩固酮的治療效果還包括改善代謝疾病，許多臨床效果將在本書 Part II 分別討論。

2. 變性慾者（女變男）

變性慾患者無法適應原本的器官及生理特質，摘除性器官並補充荷爾蒙是唯一解決方法。摘除女性生殖器官前，應接受雄激素治療 1 至 2 年，進一步內容見本書 Part IV。

3. 再生不良性貧血症

罩固酮可刺激幹細胞增生分化成紅血球，也可刺激腎臟分泌紅血球增生素。

4. 其他

其他少見臨床運用，還包括刺激男孩發動青春期、抑制身高過高，以及避孕。

二、目的

| 罩固酮有許多重要的生理功能，補充罩固酮可維持身體功能保持正常。

維持身體正常功能必須仰賴荷爾蒙，罩固酮有許多重要的生理功能，治療的目的或好處包括：

1. 增加肌肉體積、力量和功能
2. 減重、降低腰圍
3. 維持骨密度、減低骨折風險
4. 增進活力、精力
5. 提升工作運動表現
6. 改善精神功能（認知與情緒）
7. 改善情慾和性功能
8. 提升勃起功能障礙藥物治療反應率
9. 提升生活品質
10. 維持男性第二性徵

三、禁忌症

睪固酮治療有一些禁忌症，其中較常見的是影響生育問題。

有下列狀況者不適合補充睪固酮：

1.**攝護腺癌**：進行睪固酮治療前需先排除攝護腺癌，篩檢攝護腺癌需靠抽血檢查攝護腺特異抗原（PSA，正常值 < 4 ng/dL）及肛門指檢。攝護腺癌病患補充睪固酮在本書 Part III 進一步討論。

2.**乳癌**：睪固酮會轉換成雌激素，會刺激雌激素接受體陽性的乳癌進展，因此列為禁忌症。低睪固酮引起的男性女乳症不是禁忌症，睪固酮治療反而可改善。

3.**想再生小孩**：外來的睪固酮抑制腦下垂體分泌功能，導致精蟲在治療期間無法生成，想要再生小孩者不宜補充睪固酮。

3.**嚴重充血性心衰竭**：睪固酮增加水分吸收，可能增加嚴重充血性心衰竭者的心臟負擔。

4.**血比容 > 54%**：睪固酮刺激紅血球增生，血比容 > 54%（正常41~50%）恐增加血栓機會。

四、副作用

| 長期補充睪固酮大致上是相當安全的，但還是要定期追蹤。

以正常的睪固酮治療相當安全，引起的副作用見**表 I-10**。但若使用甲基睪固酮或同化性雄性類固醇就不可相提並論，副作用顯著增加，尤其是肝毒性。

睪固酮具刺激皮脂腺分泌作用，剛開始治療時易長粉刺，大部分是短暫的，不需治療。

表 I-10 睪固酮治療可能產生的副作用

副作用	說明
粉刺（青春痘）	很少見，治療初期才會出現
男性女乳症	很少見
陰莖異常勃起	絕無僅有
睡眠呼吸中止症	易患體質
紅血球增生症	易患體質，尤其是注射針劑
肝毒性	只見於甲基睪固酮，其他劑型不會

口服甲基睪固酮會引起肝毒性、黃疸、肝臟腫瘤，先進國家早已禁用，臺灣健保仍列為給付項目。臺灣許多宣稱可改善男性性功能的成藥，以此為主要成分，使用要小心。其他睪固酮製劑都不含甲基睪固酮，不需考慮肝毒性。

在某些極罕見易患體質，睪固酮治療引發睡眠呼吸中止症，只要停止治療症狀即可消失。

投予睪固酮可讓患者更積極，改善憂鬱與挫折感，恢復情慾至健康狀態。相傳睪固酮會增加攻擊行為，但在無數的臨床研究中，從未報導發生此種副作用；就像我們不相信某位男性的暴力行為，是因為治療讓他的睪固酮變正常所造成。

有關睪固酮治療是否會增加心血管與攝護腺癌風險，在本書 Part III 獨立說明。

Q 睪固酮濃度 360 ng/dL，腰圍超過 100 cm，可以進行睪固酮治療嗎？

A 睪固酮濃度 360 ng/dL 比正常界線 350 ng/dL 稍高，但濃度檢測誤差達 50 ng/dL，也就是可解讀成 310 ng/dL 符合診斷，建議睪固酮治療並搭配少吃多動的生活習慣。

Q 10 歲男孩的陰莖看不到，可以使用睪固酮刺激生長嗎？

A 小男孩的陰莖無法被看見，通常都是因為肥胖，皮下脂肪太厚，讓外露的陰莖變短。絕不可以給予睪固酮刺激陰莖生長，因為會提早發動青春期，導致最後的身高反而不如同儕，恰如揠苗助長。正確做法應該是減肥。

Q 長期補充睪固酮會讓陰莖縮短、睪丸縮小嗎？

A 成年人的陰莖沒有雄激素接受體，補充或去除睪固酮都不會影響尺寸。睪丸可能質地變得較軟，體積可能稍微縮小，但睪丸外面包著堅實的白膜，藏在陰囊內，光從外觀不容易察覺變化。

Q 補充睪固酮會掉頭髮產生雄性禿嗎？

A 很多患者拒絕睪固酮治療，只因為擔心雄性禿。睪固酮可刺激臉部及身體毛髮生成，頭髮的抑制作用是雙氫睪固酮（DHT），跟血中睪固酮濃度無關。有雄性禿基因者接受睪固酮治療，掉髮常發生在治療第二年後；無此基因者接受睪固酮治療，不會增加掉髮。

　　80% 的男性有雄性禿，特徵是髮線後退、髮質變細，掉髮常發生在顳骨及頭頂區的頭皮，這是雙氫睪固酮（DHT）的作用。

Q 近幾年感到高爾夫球揮桿力道嚴重衰退，補充睪固酮可改進嗎？

A 當然可以。睪固酮可刺激肌力，增進高爾夫球揮桿力道。治療前，最好先檢測睪固酮濃度。

Q 服用柔沛® 或波斯卡® 會影響睪固酮治療效果嗎？

A 柔沛® 與波斯卡® 都是 5-α- 還原酶抑制劑，作用在阻斷由睪固酮轉換成雙氫睪固酮（DHT），前者用來改善雄性禿，後者讓攝護腺體積縮小改善下泌尿道症狀。

　　柔沛® 與波斯卡® 都是局部器官的作用，跟血中睪固酮濃度無關，不會影響睪固酮治療。

MEMO

CHAPTER 8

治療製劑

提升睪固酮濃度的方法以直接補充睪固酮為主流，身體可直接吸收利用，另有非睪固酮治療方法，可與睪固酮製劑搭配或在特殊情況下使用。

一、睪固酮製劑

除了口服甲基睪固酮以外，臺灣醫療使用的睪固酮製劑，都可被身體直接利用，其中以凝膠與注射針劑最受歡迎。

雄激素有多種結構式，臨床治療應優先選擇睪固酮製劑，吸收後可直接作用，而且可被轉化成雌激素。

睪固酮的臨床使用有注射、經皮吸收、口腔黏膜與口服製劑，**表1-11**列出臺灣進口的睪固酮製劑。

表 I-11 臺灣進口的睪固酮製劑

男性荷爾蒙 中（英文）商品名	劑型	投予方式
耐必多®（Nebido®）	長效針劑	每 3 個月肌肉注射 1 次
長力大雄®（Sustanon250®）	短效針劑	每 3 週肌肉注射 1 次
昂斯妥®（AndroGel®）	皮膚凝膠	每天 1 包或 瓶裝每天 2 個按壓量
耐他妥®（Natesto®）	鼻內凝膠	左右鼻孔各 1 次按壓， 1 天 2 次
厲盛大®（Restanol®）	口服藥	早晚口服各 1 至 2 顆

1. 經皮吸收凝膠

昂斯妥®（AndroGel®）（圖I-7）是全球處方最多的劑型，臺灣有鋁箔包與瓶裝 2 種劑型。凝膠無色無味，經皮膚吸收進入循環，可避免肝臟的首渡效應（註：First-pass effect，被肝臟代謝消失作用），是最安全的投予方式。

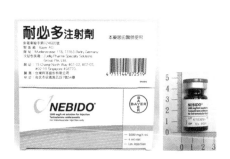

1.62% 昂斯妥®
瓶裝

1% 昂斯妥®
凝膠鋁箔包

耐必多®
長效注射針劑

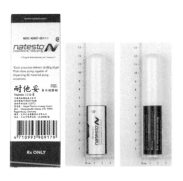

耐他妥®
鼻內凝膠劑

圖 I-7 臺灣常用睪固酮劑型

鋁箔包 1 盒 30 包，每包含 5 g 重的 1% 睪固酮濃度凝膠，換算等於睪固酮 50 mg。以實際吸收 10% 計，1 天 1 包等於每天 5 mg 進入循環，等同每日人體製造量。

建議早上將 1 包凝膠抹在下腹、大腿內側、肩膀或背部（任選一處）的乾淨皮膚上，塗抹面積跟吸收率無關。等 3 分鐘風乾（平均 2.4 分鐘）再穿上衣服，2 小時吸收完畢後可洗澡或游泳。

使用後第 1 小時血清濃度開始增加，第 2 天濃度可趨穩定。在長達 6 個月每日 1 包的臨床試驗中，檢測血中濃度始終能維持在理想範圍 566 ± 262 ng/dL。停止塗抹 24 小時後血中濃度開始下降，3 至 4 天恢復治療前水平。

瓶裝內含 1.62% 睪固酮凝膠，1 次按壓送出睪固酮 20.25 mg，2 次送出 40.5 mg，以此類推，1 瓶可按 60 次。建議從每日按壓 2 次的量開始治療，塗抹在肩膀與上臂乾淨皮膚（衣服可覆蓋處），直接按壓在上臂皮膚或先以手掌收集凝膠均可。每瓶首次使用前，須直立按壓幫浦 3 次排空前段部分。

睪固酮凝膠經皮吸收擁有絕佳的藥物動力學資料，耐受性跟安全性高。唯一要提防傳遞給家人，尤其是婦女與孩童，塗抹完應以肥皂清水洗手。因含有酒精，在凝膠未乾前，應避開火焰、高溫，並禁止抽菸。

2. 經鼻吸收凝膠

鼻黏膜上皮擁有無數微絨毛可增加吸收面積，上皮下層擁有豐富的毛細血管，能迅速吸收藥物進入循環，可使用相對較少劑量。

耐他妥®（Natesto®）（圖 I-7）屬於鼻粘膜吸收凝膠劑型，1 天使用 2 或 3 次（投予須相隔 6 至 8 小時），左右鼻孔各按壓 1 次，按壓後輕

壓鼻子幫助吸收，40 分鐘達血中最高濃度。含睪固酮濃度 4.5%，每次按壓可送出睪固酮 5.5 mg，每天投予睪固酮 22~33 mg，1 瓶可按 60 次。每瓶首次使用前，須倒立按壓幫浦 10 次，排空吸管內空氣。

連續使用 90 天後，血中睪固酮濃度平均達 415 ng/dL（1 天 2 次）至 428 ng/dL（1 天 3 次）。特色是容易操作，吸收迅速，不影響精子製造，無需顧慮傳遞給他人。

3. 長效注射針劑

耐必多®（Nebido®）（**圖 l-7**）為長效型肌肉注射針劑，含 Testosterone undecanoate 1000 mg，約等於睪固酮 631.5 mg，溶於 4 mL 的蓖麻油，可慢慢釋出睪固酮，減少注射次數，適合長期使用。

採肌肉注射，緩慢注射以 2 分鐘打完為宜。首劑算負荷劑量，在首劑 6 至 8 週後注射第 2 劑，以後每 3 個月注射 1 次，可依注射前血中濃度調整注射時間。注射第 3 至第 5 劑之間，血中睪固酮濃度可達到穩定；血中濃度變化從最低 490 ng/dL 到最高 1,153 ng/dL，半衰期約 90 天。

許多睪固酮的長期治療臨床研究，都是此劑型的治療結果，對於減脂及改善第 2 型糖尿展現優良的效果，長期的安全性受到肯定。屬於高濃度油性，注射部位可能有數天的疼痛感。

4. 短效注射針劑

國內有一些不同廠牌的睪固酮短效型針劑，長力大雄®（Sustanon 250®）是半衰期較長的劑型，1 cc 注射液內含 4 種不同結構式的睪固酮共 176 mg，每 3 週肌肉注射 1 次。注射後 24 至 48 小時血中睪固酮濃度最高達 1,153 ng/dL，3 週降到注射前水平。

短效型注射致使血中濃度高低起伏甚大，不易維持穩定生理濃度。在各種製劑中，短效型注射最易引起血比容過高。需經常往返醫院診所注射，適合初期治療，遵守長期治療醫囑的意願受到挑戰。

5. 口服藥

口服藥經消化道吸收進入血流，經肝門靜脈進入肝臟受代謝分解，殘餘劑量才進入循環，稱為首渡效應（First-pass effect）。口服睪固酮必須面對此效應的破壞，血中濃度因此變得難以預測，甚至沒有效果。

口服甲基睪固酮是市售性功能障礙成藥的主要成分，睪固酮製劑中唯一有健保給付的品項。即便服用高劑量，還是難達到理想血中睪固酮濃度，且會蓄積在肝臟造成肝毒性，不建議服用。

厲盛大® 是改良的口服睪固酮製劑，由腸道的淋巴系統吸收，可避開肝臟首渡效應。早晚各服 2 顆，最好在吃飯時併用高脂食物幫助吸收。

6. 小藥丸（Pellet）

這種劑型並不流行，在局部麻醉下，將小藥丸埋入臀部皮膚下。

優點是可提供血中穩定濃度達 3 至 4 個月，缺點是可能發生感染、藥丸排出或併發血腫塊。

二、非睪固酮製劑

非睪固酮製劑則不會影響精子生成，也可提升睪固酮濃度，但臨床使用有限制，長期效果不明。

以睪固酮治療低睪固酮，最常被提及的副作用就是不孕症。非睪固酮製劑也就應運而生，特點是不影響精子生成，又可提升睪固酮濃度，有生育需求的患者就能受惠。

1. 可洛米分®（Clomiphene®）

可洛米分® 屬於選擇性雌激素接受體調控物（Selective estrogen receptor modulator, SERM），可拮抗雌激素在下視丘的抑制作用，增加腦下垂體釋放刺激素，改善男性精蟲稀少症。

屬於口服藥，每錠含 50 mg。每日建議服用 25 mg 或每 2 日服用 25~50 mg。優點是價格便宜、口服、不影響精子品質，適用前提是腦下垂體及睪丸需有功能。

2. 人絨毛膜促性腺激素（Human chorionic gonadotropin, hCG）

人絨毛膜促性腺激素為胎盤分泌的激素，可刺激睪丸分泌睪固酮及精子生成，注射 5000 國際單位（IU）可維持 3 至 5 天，最大缺點是須頻繁注射。

可單獨使用，也可與其他睪固酮製劑合併，可再提升睪固酮濃度，且不影響精子生成。對於因睪固酮治療造成的無精症，每週注射人絨毛膜促性腺激素 2000 IU 3 次，可加速精子恢復。

3. 芳香化酶抑制劑

安美達錠®（Anastrozole®）和復乳納®（Letrozole®）都是芳香化酶抑制劑，可減少睪固酮轉化成雌激素。

兩者都是口服藥劑型，安美達錠® 每日服用 1 錠（1mg），復乳納®
每錠 2.5 mg，每週服用 2 次，1 次 4 錠。男性服用可降低血中雌激素濃
度 60%，但需注意對骨密度的影響。

　　統合分析顯示，以上 3 種製劑的臨床研究，都可明顯提升血中睪固
酮濃度（圖 I-8）。但臨床運用有許多限制，無法與睪固酮治療相提並論。

1. 都是小規模且短期（少於 5 個月）治療的結果，長期效果不明。
2. 臨床效果只聚焦在睪固酮濃度變化，沒有報告是否能抑制脂肪、改
　善血糖效果。本書所介紹的臨床效果都是睪固酮製劑，跟非睪固酮
　製劑無關。
3. 運用來提升睪固酮濃度，超出藥品仿單適用範圍（Off-label use），
　很多醫師可能基於安全理由拒絕開立處方。
4. 標準投予劑量、頻率、治療時間都不明確，摸石過河，有點令人不安。
5. 患者需要腦下垂體與睪丸具有功能，否則無效。
6. 這些製劑使用量低，許多醫院診所可能沒有準備，無法開立處方。

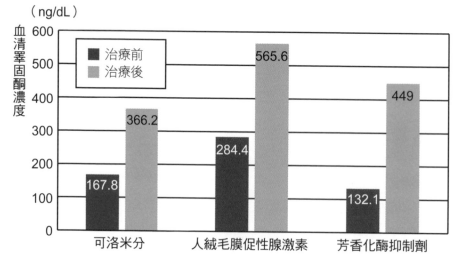

圖 I-8　以非睪固酮製劑治療低睪固酮的睪固酮濃度變化

Q 口服 DHEA 對於治療低睪固酮有效果嗎？

A 以口服 DHEA 治療男性低睪固酮效果不理想，受限於下列因素：

1. 須先躲過肝臟分解（首渡效應）。

2. DHEA 的生物效力只有睪固酮的 5%，想達到相等效果，須服用睪固酮劑量的 20 倍以上。

3. DHEA 是荷爾蒙前身，男性服用只會增加雌激素濃度。

Q 睪固酮治療有預測反應因子嗎？

A 有 3 個已知的治療反應因素：

1. 年齡愈輕，治療效果愈好。

2. 治療前睪固酮濃度愈低者，效果愈好。

3. 憂鬱症患者，低睪固酮症狀改善效果差。

Q 治療前睪固酮濃度 250 ng/dL，為什麼治療 3 個月後反降到 200 ng/dL？

A 這個結果不能說是睪固酮濃度愈治療愈低。睪固酮濃度測量重現性低，連續 2 次抽血濃度變化達 65~153%，因此從

250~200 ng/dL 應視為一樣或差不多。若為追蹤治療濃度變化，要考慮 2 點：

1. 抽血時間跟藥物的動力學關係，抽血時間超過藥效時間，睪固酮會回到起點。

2. 抽血時間視追蹤目的而定。想知道治療有無達到理想濃度，凝膠使用者應在塗抹後 2 至 4 小時抽血，而注射長效針劑者應在注射後 4 至 8 週抽血。若為調整注射時間，應在針劑注射前抽血檢測濃度。

Q 除了睪固酮外，有其他雄激素製劑嗎？

A 臺灣也有 DHEA 口服藥。歐盟國家有 2.5% 雙氫睪固酮（DHT）凝膠，適用於男性女乳症或陰莖短小的患者。

Q 凝膠在皮膚塗抹部位與面積大小有差別嗎？

A 研究顯示凝膠塗抹在皮膚大小面積，不會影響吸收。

Q 市面上的凝膠製劑需要特別保存嗎？

A 凝膠製劑不管是瓶裝或鋁箔裝，只要常溫（15℃～30℃）保存即可，但還是要避免陽光曝晒或靠近高溫影響品質。

Q 使用凝膠為避免傳遞給家人，衣服有必要分開洗嗎？

A 使用凝膠唯一要注意的是避免傳遞給家人，尤其是婦女和小孩。塗抹完以肥皂洗手就足夠了（假如手有碰觸），衣服沒必要刻意分開洗，理由有 3 點：

1. 凝膠附著在衣服上的量本來就有限，洗濯時又被稀釋千萬倍以上，殘存的濃度應等於零。

2. 肥皂破壞睪固酮。

3. 睪固酮經皮吸收需要酒精、潮濕皮膚，乾涸的睪固酮殘劑無法滲透過皮膚。

Q 凝膠製劑都是每天固定時間使用，假如忘記塗抹，需要增加劑量嗎？

A 假如延遲在 12 小時內，建議可補上劑量。假如延遲已超過 12 小時，就略過等待隔日，隔日劑量如常規，不須增加劑量。

Q 昂斯妥®1.62% 瓶裝凝膠，如何調整劑量？

A 1 次按壓送出睪固酮 20.25 mg，從每日 2 個按壓開始。在 2 週或 4 週追蹤睪固酮濃度，若超過 750 ng/dL，每日可減至 1 個按壓；若低於 350 ng/dL，每日可增至 3 個按壓。

Q 出國時，睪固酮凝膠製劑可以隨身攜帶上飛機嗎？

A 臺灣海關 2021 年規定，含液體或膠狀液容器須小於 100 ml 才能帶上飛機，並須裝於不超過 1 公升、可重複密封的透明塑膠袋（20 x 20 cm）內，每名旅客限帶 1 袋上機。含噴霧、膠狀液體大於 100 ml 的容器，須置於行李箱託運。

可攜帶上飛機的量，昂斯妥®1.62% 為 1 瓶（1 瓶 88 gm），鋁箔包 20 包（1 包 5 g），耐他妥® 可帶 9 瓶（1 瓶 11 gm）。

MEMO

世界性醫學會指引

世界性醫學會每 4 年召開 1 次專家共識會議，其對低睪固酮的診治指引值得參考。

　　世界性醫學醫學會（International Society for Sexual Medicine, ISSM）是一非營利的學術機構，每 4 年召開 1 次性醫學的專家共識會議，對臨床疾病提出診斷治療建議。以下是該共識會議對於低睪固酮 2018 年的臨床診治建議，刊載於《性醫學評論期刊》（*Sexual Medicine Review*）。

　　此篇文章主筆是亞伯拉罕・摩根泰勒（Abraham Morgentaler）醫師，哈佛醫學院畢業，長期研究男性荷爾蒙，發表論文超過百篇，其中最為人津津樂道的是 2006 年提出的「飽和理論」（本書 Part III 第 1 章）。

一、臨床診斷

1.　低睪固酮症候群以性功能障礙（含情慾衰退）為主要表徵。

2.　建議以總睪固酮 350 ng/dL（12.1 nmol/L）為閾值判定低睪固酮濃度。

3.　臨床表徵具診斷參考價值，不鼓勵以總睪固酮閾值為嚴格診斷標準。

4.　跟低睪固酮的相關性，游離睪固酮濃度勝過總睪固酮濃度。

5.　判讀總睪固酮濃度時，需考慮性荷爾蒙結合球蛋白濃度（SHBG）的干擾。

6. 即便總睪固酮濃度正常，診斷低睪固酮只要游離或生物可用睪固酮濃度過低也可成立。

7. 若以游離睪固酮濃度診斷低睪固酮，建議以低於 65~100 ng/mL 為閾值。

8. 若症狀符合睪固酮濃度過低，但總睪固酮或游離睪固酮濃度正常，可嘗試治療 6 個月，若沒改善應終止治療。

9. 40 歲以下須於早上抽血，40 歲以上於下午抽血亦可，只要有機會於早上再抽血確認。

10. 目前沒有充分證據要求，檢測睪固酮一定要空腹抽血。

二、性健康

1. 患有情慾減退、勃起功能障礙或無法達到高潮的男性，都應該檢測睪固酮濃度。

2. 睪固酮治療可改善情慾、勃起品質與其他性功能症狀。

3. 服用磷酸二酯酶第五型抑制劑反應不佳者，合併睪固酮治療可挽救治療，變成治療成功。

三、貧血與骨質健康

1. 男性患有無法解釋的貧血症，應檢測睪固酮濃度。

2. 睪固酮是治療貧血的選項。

3. 低睪固酮患者，應以雙能量 X 光吸光式測定儀檢測骨密度。

4. 低創性骨折男性患者，應檢測睪固酮濃度。

5. 睪固酮治療可增進骨密度與骨骼強度。

6. 低睪固酮男性即使無症狀，但只要骨密度低，就應接受睪固酮治療。

四、攝護腺

1. 睪固酮治療不會加劇解尿症狀。

2. 睪固酮治療不會增加攝護腺癌風險。

3. 雖然安全性資料有限，攝護腺癌病患若有需要接受睪固酮治療是合理的，特別是屬於低風險、侷限性經過確定治療患者。

4. 睪固酮濃度低於 250 ng/dL（8.7 nmol/L）者，接受睪固酮治療後，攝護腺特異抗原（PSA）會上升。

五、心血管

1. 明確證據支持，睪固酮治療不會增加心血管風險。

2. 許多研究證明，睪固酮治療對心血管有幫助。

3. 睪固酮治療可改善跟心血管風險有關的代謝疾病，例如改善脂肪細胞數目、高脂血症與胰島素阻抗性。

六、代謝疾病

1. 代謝疾病，例如第 2 型糖尿病、肥胖與代謝症候群，跟低睪固酮有關聯。

2.有代謝疾病者應檢測睪固酮濃度。

3.睪固酮治療可增加肌肉、減少脂肪。

4.睪固酮在治療代謝疾病包括肥胖能發揮作用。

七、治療選擇

1.各國都有許多睪固酮製劑，都可用來治療低睪固酮。

2.治療選擇應個別化考量。

Q 睪固酮正常濃度各國醫學會標準不同,誰比較準確?

A 總睪固酮的正常濃度,全球沒能達到共識,確實給臨床帶來困擾。但無法說哪一個比較準確,診斷低睪固酮臨床症狀更重要,判讀睪固酮濃度不應二分法,此外還可參考游離睪固酮濃度。

Q 睪固酮濃度一定要測 2 次?

A 不一定的,端視是否合理而定。例如,60 歲男性有勃起功能障礙及糖尿病史,體重超標腰圍 100 公分,第 1 次檢查睪固酮濃度 < 300 ng/dL 相當合理,沒必要再檢查。但假如濃度 > 500 ng/dL,顯得不合理,應再檢查 1 次。

Part II

臨床效果

睪固酮治療雖然有半世紀之久，但臨床療效始終差
強人意，一直到近幾年才有突破性的進展。關鍵點
是注重血中睪固酮濃度、治療時間要夠久、強調修
正生活型態的重要性，此外把治療指標放在改善肥
胖與新陳代謝異常，效果更吸引人。

減脂增肌

睪固酮是男性體內的好兄弟,因為它能抑制脂肪、刺激肌肉、增強骨骼,終生維持睪固酮正常對健康與生活品質幫助很大。

一、肥胖與低睪固酮

男性肥胖與低睪固酮是雙向關係,肥胖細胞降低睪固酮濃度,低睪固酮狀態讓脂肪細胞體積增大與數目增多,形成惡性循環。

　　把吃進多餘的熱量轉成脂肪貯存,在物質缺乏時代顯得彌足珍貴,但現代食物生產過剩,反而造成問題,全球人口體重超標高達4成。臺灣有5成男性、3成女性體重過重(身體質量指數〔BMI〕超過25 kg/m²),而另一項指標男性腰圍超過90 cm者占3成。脂肪細胞不單是貯存熱量,更會分泌發炎因子破壞健康。肥胖增加糖尿病、高血壓、高脂血症、憂鬱症、睡眠品質不良等風險。3成冠心動脈心臟病死因,以及7成糖尿病死因,歸咎於肥胖與體重過重。

　　肥胖是低睪固酮的最強風險因子,超過一半肥胖男性有低睪固酮(見 Part I 第 5 章病因)。脂肪細胞將睪固酮轉換成雌激素,降低睪固酮濃度,雌激素抑制腦下垂體分泌促黃體激素,脂肪細胞本身分泌的發炎激素,也具抑制促黃體激素作用。

　　睪固酮可刺激肌肉形成、抑制脂肪細胞形成。低睪固酮容易併發肌

肉量降低、脂肪量增多、高血糖、高血脂，以及胰島素阻抗性，引起代謝異常，包括代謝症候群。

低睪固酮與肥胖存在著惡性循環（圖 II-1），脂肪細胞會消耗睪固酮，當睪固酮濃度不足，脂肪細胞在身體囤積更多。

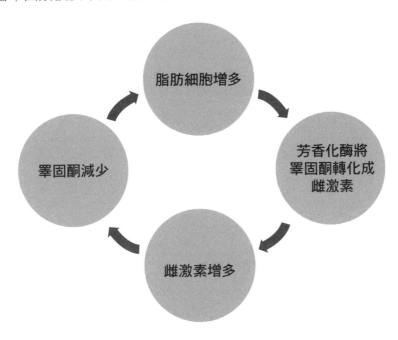

圖 II-1 低睪固酮與男性肥胖的惡性循環

二、減脂

> 合併低睪固酮的肥胖男性接受睪固酮治療，可顯著改善體重與腰圍，同時改善新陳代謝指標，睪固酮儼然是一種健康的男性減肥藥物。

肥胖給身體帶來許多疾病，減肥則可以改善疾病、降低死亡率。體重控制需要修正生活型態，進行飲食控制與運動，本書 Part V 生活型態

有進一步介紹。修正生活型態能有效減重，但成功率有限，長期效果也不理想，這些不足之處提供藥物治療發揮的機會。初期的使用經驗就發現，提升睪固酮濃度可減少脂肪組織，持續追蹤及更多的研究肯定，睪固酮治療帶來持續減重與改善代謝異常的效果。

《國際肥胖期刊》（*International Journal of Obesity*）2020 年發表睪固酮治療 11 年的研究結果。研究蒐集 823 位低睪固酮男性，依身體質量指數分成正常、過重與肥胖 3 組，3 組中再依有睪固酮治療組與無治療組比較。

結果 3 組治療組的平均腰圍都下降，在體重正常組減少 3.4 cm，過重組減少 4.7 cm，肥胖組減少 12.9 cm，而 3 組無治療組平均增加 5.5 cm（圖 II-2）。至於平均體重，3 組治療組也都下降，體重正常組下降 3.4 kg（5%），過重組下降 8.5 kg（10%），肥胖組下降 23.2 kg（20%），而無治療組的體重平均增加 4.2~8.5 kg。資料顯示，睪固酮治療對各種體重狀況都能發揮減脂（減重）效果。

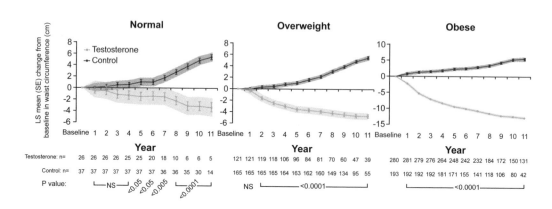

圖 II-2 低睪固酮男性分成正常（Normal）、過重（Overweight）與肥胖（Obesity）3 組，再依有睪固酮治療組（橫軸下淡色）與無治療對照組（橫軸上深色），經過 11 年治療追蹤，3 組治療組的腰圍都持續下降，而對照組的腰圍則持續增加。

除了體重與腰圍的持續降低，治療組的脂質與糖化血色素均明顯降低，而無治療組則增加。嚴重心血管意外（含死亡）發生率治療組是5.4%，而無治療組是 36.5%，支持治療可降低心血管意外與死亡率。治療組的肝功能指數谷氨酸丙酮酸轉氨酶（Transaminase）也明顯下降，因為脂肪減少降低肝發炎。

美國內分泌醫學會建議肥胖男性，除了修正生活型態以外，若不想生小孩，應進行睪固酮治療，可帶來減重、減少腰圍，並改善新陳代謝（血糖、糖化血色素、脂肪、血壓）等好處。睪固酮能改善男性肥胖，憑藉 3 大效果：

1. 溶解脂肪細胞、抑制脂肪細胞形成；
2. 刺激肌肉形成；
3. 增加運動表現、精神體力，這是大多數肥胖者非常需要的。

三、增肌

> 睪固酮濃度與增肌效果呈現正相關的線型關係，搭配運動則有加乘效果。

睪固酮屬於合成荷爾蒙，刺激各種肌肉形成。當睪固酮濃度足夠時刺激幹細胞就轉化成肌肉細胞，當濃度不足時幹細胞就轉化成脂肪細胞。

為探討睪固酮劑量與肌肉形成之關係，美國內分泌研究團隊將 61 位健康的 18 至 35 歲男性，先注射針劑阻斷睪丸分泌睪固酮，接著將受試者隨機分組每週注射 25、50、125、300、600 mg 睪固酮，注射時間達 20週。25 與 50 mg 組代表低睪固酮狀態，125 mg 組代表正常濃度狀態，而

300 與 600 mg 組代表睪固酮過高狀態。各組的飲食熱量與蛋白質攝食均標準化。試驗結束 5 組的肌肉體積變化為 -1.0 kg、+0.6 kg、+3.4 kg、+5.2 kg、+7.9 kg，證實睪固酮投予劑量愈高，產生的肌肉重量愈多。

　　另一項研究比較運動跟補充睪固酮的關係，將成年健康男性隨機分成運動（每週 3 次重訓）與無運動 2 組，再分成注射組（每週注射超過生理濃度的睪固酮 600 mg）與安慰劑組，各組的飲食控制相同，試驗進行 10 週。

　　結果發現，運動加上注射組，肌肉與肌力變化都顯著增加，體重增加主要來自肌肉重量增加。單獨運動或單獨睪固酮注射，對肌肉與肌力增加效果類似。各組的情緒與行為都沒有發生改變。作者結論，運動結合睪固酮投予，對肌肉體積與肌力有加乘增加效果（表 II-1）。

　　睪固酮對肌肉的刺激效果類似運動，運動合併睪固酮對身體各項運動表現有加乘效果。運動的好處無法被睪固酮完全取代，例如疲勞耐受度及心肺功能，需要真實運動效果才會好。

表 II-1 健康正常男性隨機分成運動與沒有運動
及每週注射超過生理濃度睪固酮 600 mg，10 週後肌肉與肌力變化

變項	沒有運動		有運動	
	安慰劑	睪固酮超高濃度注射	安慰劑	睪固酮超高濃度注射
體重（kg）	+1.3	+3.5	+0.9	+6.0
肌肉體積（kg）	+0.8	+3.2	+2.0	+6.1
三角肌面積（mm^2）	-82	+424	+57	+501
股四頭肌面積（mm^2）	-131	+607	+534	+1174
臥推運動（kg）	0	+9	+10	+22
深蹲運動（kg）	+3	+13	+25	+38

* 此表原刊載在《新英格蘭醫學期刊》（*New England Journal of Medicine* 1996;335;1–7）

Q 我 60 歲，屢次減肥都失敗，若接受睪固酮治療可得到跟書中相同的結果嗎？

A 書中介紹刊登在醫學期刊的研究結果，可說是治療的最好結果，因為參與臨床研究的受試者，可能有更強烈的治療動機，跟一般族群不同，而且研究期間都在醫師嚴密監測下進行。

　　研究結果是否可運用到現實世界是需要再檢驗的，鼓勵您接受檢查並接受治療，達到目標是有機會的。

Q 睪固酮補充後 3 個月體重反而增加，怎麼回事？

A 睪固酮治療的減重效果一般需要 6 個月才會顯現，才 3 個月就急著看結果是太早了。睪固酮同時會增加鈉與水分吸收，初期體重可能微幅增加。此外，並非每個接受治療者都能達到效果，必須注意每日攝食的熱量。

Q 睪固酮如何控制脂肪細胞的形成與分布？

A 睪固酮可增強兒茶酚胺（Catecholamine）的溶解脂肪作用，至於如何控制脂肪細胞分布並不清楚，可能跟捕捉脂肪的蛋白質有關。

Q 臨床藥物試驗如何分期？雙盲試驗是什麼意思？

A 臨床藥物試驗分 4 期：

- 第 1 期：注重在安全性，由健康人服用試驗藥物並觀察生命現象變化，通常包含動物試驗。
- 第 2 期：決定藥物的理想劑量，小規模病患服用不同劑量，在藥效與副作用間尋找平衡點。
- 第 3 期：大規模病患採雙盲安慰劑控制，確立藥物的療效與安全性，若達到預期效果可申請上市。
- 第 4 期：藥品上市後追蹤藥物長期療效與安全性。

進行藥物試驗時，依醫師與受試者是否知道服用真實藥物分成「雙盲」與「單盲」：雙盲設計是雙方都不知道，單盲設計是醫師知道但病患不知道。開放標籤是雙方都知道服用藥物。

Q 脂肪肝的形成跟睪固酮濃度的關係如何？

A 脂肪肝是臺灣一常見的疾病，可能進展成肝硬化及肝細胞癌，形成原因跟第 2 型糖尿病及代謝症候群有關。睪固酮濃度正常者比濃度低下者，罹患脂肪肝風險減少 3 成。

Q 想要減脂增肌，可以不檢測睪固酮直接治療嗎？

A 濃度是診斷的依據，也是反應率的指標，建議先檢測睪固酮濃度再治療。

睪固酮的臨床減脂增肌效果有動物實驗支持嗎？

有的。美國加州研究團隊以小老鼠的幹細胞為材料，連續 2 週時間施打各種不同濃度的睪固酮與雙氫睪固酮（DHT），檢測代表肌細胞與脂肪細胞數目的 mRNA 含量。重要發現如下：

1. 睪固酮與雙氫睪固酮（DHT）都具有減脂增肌效果，效果跟施打濃度呈現正相關，即濃度愈高效果愈強，而雙氫睪固酮（DHT）的效果優於睪固酮。

2. 該效果需透過與雄激素受體結合始能發揮作用，因為假如同時投予雄激素受體阻斷劑（Bicalutamide），可阻斷該生理效果。

研究發表於《內分泌期刊》（*Endocrinology* 2003;144:5081-5088），為睪固酮的生理作用提供經典的基礎研究證據，目前已獲得 600 篇論文引用。

新陳代謝疾病

合併睪固酮治療可改善第 2 型糖尿病,長期甚至能復原,對糖尿病前期與代謝症候群患者治療亦可回復到正常,這在男性健康照護是再好不過的消息。

一、第 2 型糖尿病

低睪固酮跟糖尿病兩者高度相關,睪固酮濃度可反映胰島素抗性,睪固酮治療可幫助第 2 型糖尿病患的血糖控制。

糖尿病有 2 型,第 1 型患者為胰島素依賴型,因為胰臟 β 細胞先天性無法分泌胰島素,需要終生注射胰島素;第 2 型多為成年發作,家族史、肥胖、或缺乏運動者為高風險族群,患者胰島素分泌不足或運用能力減弱。

糖尿病在兩性各年齡層都是常見的慢性病,臺灣糖尿病學會 2019 年統計 40 至 64 歲診斷有第 2 型糖尿病者有 11.6%、65 至 74 歲有 34.6%、≥75 歲有 46.4%（男女性無差別）。

糖尿病高居臺灣民眾死因第 5 名,有急性與慢性併發症,一半患者死於心血管疾病。治療第 2 型糖尿病,應先採飲食控制及運動控制體重,進一步則需口服降血糖藥物乃至注射胰島素。

低睪固酮跟第 2 型糖尿病有相同病因,兩者呈雙向關係。睪固酮濃度不足會增加第 2 型糖尿病風險,睪固酮高者比低者罹患糖尿病風險減

少 42%，第 2 型糖尿病患超過半數有低睪固酮。

美國糖尿病學會建議，第 2 型糖尿病患應常規檢測睪固酮，因為睪固酮治療可幫助血糖控制。將新診斷的第 2 型糖尿病患隨機分組，一組只接受飲食控制加運動，另一組還加上睪固酮治療。1 年後，前者的糖化血色素平均下降 0.5%，後者下降達 1.3% 且全下降到 < 7.0%（圖 II-3）。

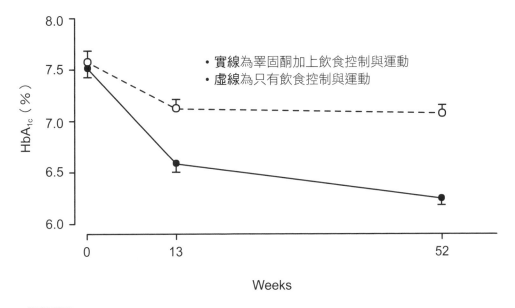

圖 II-3 初診斷第 2 型糖尿病男性，接受飲食與運動治療，再加上睪固酮治療 52 週後，糖化血色素（HbA₁c）降低比較

一項長期的臨床研究，發表在《糖尿病、肥胖、新陳代謝》（*Diabetes Obesity Metabolism*）2020 年期刊，充分證明睪固酮治療的好處。受試者為第 2 型糖尿病患合併低睪固酮病患，分成接受睪固酮治療（n= 178）與未接受睪固酮治療對照組（n= 178），兩組均遵守糖尿病常規治療。長達 11 年的治療後，比較兩組的臨床結果：

- 血糖變化：治療組的糖尿病有 34.3% 回復正常（糖化血色素 < 6.5% 且不需服用降血糖藥），糖化血色素 < 6.5% 者達 83.1%、< 7.0 % 者達 90%。治療組糖尿病回復正常時間平均 8.6 年，再追蹤平均 2.5 年沒有復發。對照組的糖化血色素沒有任何進步，反而平均上升 2%（圖 II-4）。兩組間的糖化血色素從治療開始相差為 0%，到 11 年後兩組相差平均達 6%。

- 胰島素阻抗性：治療組的血中胰島素濃度與胰島素阻抗性（HOMA-IR）分別平均減少 28.9 μU/mL 與 11.0 μU/mL，控制組卻分別上升 12.9 μU/mL 與 5.4 μU/mL。

- 併發症：比較治療組跟控制組的死亡率（7.3% vs. 29.2%）、心肌梗塞（0.0% vs. 30.9%）、中風（0.0% vs. 25.3%）與視網膜病變（2.4% vs. 16.9%）比率，治療組遠勝過控制組。

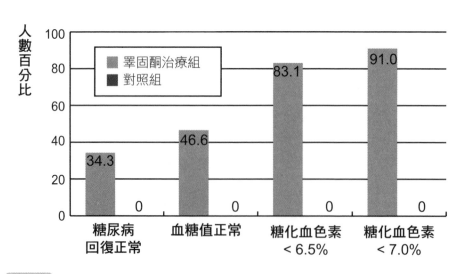

圖 II-4 第 2 型糖尿合併低睪固酮病患，分為接受（n=178）或不接受（對照組）（n=178），睪固酮治療 11 年後，比較糖化血色素變化

二、糖尿病前期

> 糖尿病前期合併低睪固酮男性，接受睪固酮治療可防止進展成糖尿病，這在男性健康上具重大意義。

慢性病的特色之一，是由正常進展到疾病需要一段時間，當中有過渡期稱作疾病前期。糖尿病定義為空腹血糖 > 126 mg/dL 或糖化血色素 > 6.5%，而空腹血糖介於 100~126 mg/dL 或糖化血色素介於 5.7~6.4% 稱作糖尿病前期。

糖尿病前期雖然未達診斷糖尿病標準，但胰島素分泌還是增加，周邊組織有胰島素阻抗性。一段時間後，有功能的胰臟 β 細胞剩不到一半，第 2 型糖尿病於焉形成，由糖尿病前期進展到糖尿病為時約 7 至 10 年。

糖尿病前期若能及早治療，可保留 β 細胞的功能，避免或延遲糖尿病發生，亦可降低心血管併發症。糖尿病預防計畫建議，減輕體重對減少糖尿病效果最好，每減輕 1 kg 可降低發生率 16%。

《糖尿病照護期刊》（*Diabetes Care*）2019 年發表一項重要的治療結果。研究由美歐泌尿科醫師聯手執行，納入 316 位糖尿病前期且有低睪固酮男性，受試者分睪固酮治療組（229 位）與對照組（87 位），治療期間達 8 年。

- **進展成糖尿病**：治療組中沒有，對照組則有 40%。
- **血糖轉成正常**：以糖化血色素 <5.7% 為指標，治療組有 90% 達標，而對照組只有 1% 達標。
- **體重下降**：治療組平均下降 9.2 公斤，對照組體重反而增加 8 公斤。
- **代謝指標**：治療組在體重、腰圍、空腹血糖、血脂、收縮壓等指標都有明顯進步，而對照組則惡化。

- **死亡率及心肌梗塞**：死亡率在治療組是 7.4% 而對照組是 16.1%；
  非致命的心肌梗塞發生率，在治療組是 0.4%，而對照組是 5.7%。

　　該研究獲得結論，糖尿病前期且有低睪固酮男性，接受睪固酮長期治療，可高效率預防進展成第 2 型糖尿病。

　　此一結果給為數龐大的糖尿病及其前期患者，提供相當有效的治療方法，睪固酮治療效果主要來自體重減輕。美國內分泌學會的肥胖治療指引中提到，體重若減少 10% 可降低糖尿病風險近 80%。另一有效關鍵是，睪固酮可刺激肌肉生成，改善胰島素阻抗性。

三、代謝症候群

> 代謝症候群的盛行率日漸升高，對健康造成嚴重危害，而睪固酮治療可令代謝症候群回復成正常。

　　代謝症候群不算是一個疾病，而是由 5 個心血管疾病的危險因子構成，通常是疾病的前期，預告需要修正身體狀況，以降低心血管風險。

　　成立條件是符合其中任 3 項就算陽性。男性的判斷條件包括腰圍 ≥ 90 cm、收縮壓 ≥ 130 mmHg 或舒張壓 ≥ 85 mmHg、高密度膽固醇 < 40 mg/dL、空腹血糖 ≥ 100 mg/dL、三酸甘油脂 ≥ 150 mg/dL。臺灣調查 1,152 位成人（平約年齡 68.6 歲，含男性和女性），代謝症候群盛行率為 36.7%。

　　形成原因包括：不良生活型態（缺乏運動、肥胖）占 50%，遺傳因素占 20%，家族史中有慢性病者罹患機率比一般人高。代謝症候群未來

得到第 2 型糖尿病風險比正常風險升高 5 倍，10~20% 男性在 10 年內得到心血管疾病。

代謝症候群的構成條件都是低睪固酮的風險因子，研究證實低睪固酮跟代謝症候群高度相關，兩者呈現雙向關係。芬蘭曾追蹤 651 位男性長達 11 年，發現代謝症狀群男性進展成低睪固酮的機率為正常人的 2.6 倍。另一項研究追蹤 702 位平均 51 歲的芬蘭人，把睪固酮濃度依高低分 4 組，經過 11 年的追蹤發現，睪固酮最低濃度者罹患代謝症狀群的風險是最高濃度者的 2 倍。

除了修正生活型態，目前並無藥物能治療代謝症候群。一項臨床研究低睪固酮病患治療前原本 63% 有代謝症候群，經過睪固酮治療 1 年後，代謝症候群比率下降到 36%。另一個研究也得到類似的結果，在低睪固酮男性病患中，原本 75% 符合代謝症候群診斷，經過睪固酮治療 1 年後，符合代謝症候群診斷比率下降到 25%。

睪固酮治療之所以能復原代謝症候群，歸功於減脂增肌，改善血糖、血脂與血壓。考量到高盛行率及對健康的嚴重危害，而睪固酮治療可將代謝症候群回復到正常，這對男性健康的意義重大。

 診斷糖尿病有哪些指標？

 1. **空腹血糖**：空腹血糖正常應為 < 100 ng/dL，糖尿病為
   > 126 ng/dL，100~126 ng/dL 為糖尿病前期。

2. **糖化血色素（HbA1c）**：代表過去 3 個月的平均血糖值，抽
   血測量不需空腹，正常 < 5.7%，糖尿病 > 6.5%，糖尿病前
   期是 5.7~6.5%。

3. **胰島素阻抗性（HOMA-IR）**：測量胰島素阻抗性，公式是（空
   腹血糖 x 胰島素分泌量）÷ 405，正常值為 1.4~2，若 > 2
   表示有糖尿病風險。

睪固酮可降血糖，可取代降血糖藥物嗎？

原本的血糖控制藥物仍要服用，不可將睪固酮治療用於取代血
糖控制藥物，但假如因為睪固酮治療加上體重減輕，可跟著調
整血糖控制藥物的劑量及頻率。

Q 睪固酮治療強調在第 2 型糖尿病的效果，第 1 型糖尿病適用嗎？

A 第 1 型糖尿病是缺乏胰島素，發生低睪固酮機率跟一般族群相同，也適合接受睪固酮治療，但糖尿病狀況不會改變。

第 2 型糖尿病的成因跟生活型態有關，這群人才是低睪固酮的高風險族群，睪固酮治療可改善病因，幫助糖尿病控制。

勃起功能障礙

「男人年過 40 不要只剩一張嘴，吃了這個讓你活跳跳！」鮮活的電視廣告台詞深植人心。但是以口服睪固酮胡亂治療未經診斷的性功能障礙，猶如亂槍打鳥，結果注定令人失望，也同時摧毀了睪固酮在男性健康的角色。

一、成因

醫學研究證實，男性荷爾蒙不是勃起的必要因素。

陰莖勃起是一複雜的生理現象，反映神經血管與組織結構間精密合作與協調的結果，過程包括動脈擴張、海綿體鬆弛，活化海綿體與白膜之間的靜脈閉鎖機制。

勃起功能障礙定義是無法持續達到或維持陰莖勃起，以達成滿意的性交表現，臺灣 40 至 70 歲的男性 3 成患有勃起功能障礙，病因包括來自血管、神經、結構、內分泌、藥物與心因性。障礙常是多重原因造成，絕大多數病患都有血管因素，動脈血液供應不足及靜脈閉鎖不全（靜脈漏血），血管病變才是勃起功能障礙的主要病理生理變化。

過去認為缺乏男性荷爾蒙是造成勃起功能障礙的主因，然醫學研究卻發現，男性荷爾蒙在陰莖勃起並沒有如先前認知的重要。

男胎兒在子宮內就會勃起，青春期前的小男生也會勃起。成人切除睪丸後，夜間自動勃起時間、次數與性衝動確實會減少，但勃起品質可以依然正常。克氏症候群（本書 Part I 第 5 章）報告勃起功能障礙比率低於 5 成。

勃起功能障礙病患只有 3 成合併低睪固酮。先天型缺乏睪固酮者，出現情慾低落與勃起功能障礙。後天型缺乏患者合併老化、糖尿病、高脂血症，這些合併症本身可直接造成勃起功能障礙，低睪固酮只是冰山一角。單以睪固酮治療成因複雜的勃起功能障礙，效果鐵定不盡如人意。

動物試驗發現去勢可影響陰莖海綿體組織結構，造成陰莖漏血，但不會影響一氧化氮合成酶作用。

二、治療

> 勃起功能障礙應優先使用磷酸二酯酶第五型（PDE5）抑制劑來治療，當治療沒有反應且檢查有低睪固酮，合併兩種治療可增進勃起功能障礙的治療成功率。

治療勃起功能障礙應優先使用磷酸二酯酶第五型（PDE5）抑制劑，例如威而鋼®、犀利士®、樂威壯® 或賽倍達 ®，PDE5 抑制劑對各種原因造成的障礙都有效，治療反應率達 7 成以上。

在 PDE5 抑制劑還未發明以前，勃起功能障礙的治療可說是因陋就簡，醫師沒有興趣，求診病患數目不多。睪固酮是唯一藥物選擇，另外就是行為治療。

在 PDE5 抑制劑成功上市的推波助瀾下，過去半世紀是人類歷史上最注重性健康的年代，尤其是各種性功能障礙的病因與治療藥物研究，這當中免不了檢驗睪固酮的治療角色，結果可說是令人失望。

比較單獨服用睪固酮與 PDE5 抑制劑治療勃起功能障礙，PDE5 抑制劑在治療滿意度、反應率與進步幅度都遠勝睪固酮。跟安慰劑比較，改善情慾的效果猶勝改善勃起功能。

以睪固酮治療勃起功能障礙合併低睪固酮年輕病患，治療有效率較高，但也不過是 57%；有效率在先天性的低睪固酮是 64%，而在後天性的是 44%。

睪固酮治療輕度勃起功能障礙合併低睪固酮患者的反應尚可，但在重度勃起功能障礙患者，需要跟 PDE5 抑制劑合併使用才會有效。

作用時間緩慢是睪固酮臨床使用的劣勢，情慾改善最快在治療 6 週後恢復，勃起硬度改善則要半年以上才顯現（表 II-2）。

效果能維持多久時間也是問題，勃起功能障礙合併低睪固酮的患者，在血清睪固酮恢復正常後，情慾改善在治療期間能維持 6 個月，但勃起功能及性滿意度的改善效果只能維持 1 個月。

目前勃起功能障礙治療的流程，是優先選擇 PDE5 抑制劑。當單獨治療無效，此時應檢測睪固酮；若濃度不足，合併睪固酮治療 3 個月，3 成以上患者可變成有效者（表 II-2）。

儘管改善勃起硬度不盡人意，睪固酮在治療勃起功能障礙患者還是相當重要，因為患者可能合併肥胖、糖尿病或情慾低落，改善這些慢性病對患者的性生活滿意度及整體健康都非常重要。此外，睪固酮治療還可改善患者的體力、活力與情緒，這些效果對性功能障礙患者也很重要。

表 II-2 比較睪固酮與磷酸二酯酶第五型抑制劑治療勃起功能障礙

臨床變項	磷酸二酯酶第五型（PDE5）抑制劑	睪固酮製劑
代表商品	威而鋼®、犀利士®、樂威壯®、賽倍達®	耐必多®、昂斯妥®、耐他妥®
投予方式	口服	注射或表皮吸收
作用機轉	增加海綿體內 cyclic GMP 濃度	透過接受體產生作用
給藥頻率	性行為前服用即可	須規律投予
起效時間	2 小時內發生作用	需要 6 個月
效果維持時間	立即生效，可長時間維持效果	改善 1 個月後就可能失效了
滿意度	高	低
勃起硬度改善	優良	低
情慾、高潮強度	沒有效果或一點點效果來自勃起改善	優，具專一性
自發性勃起改善	無（除非還在藥物作用時間）	有
副作用	頭痛、臉潮紅	紅血球增生、不孕症
治療角色	除非有臨床禁忌症，應成為第一治療選擇	當 PDE5 抑制劑無效且若有睪固酮低下，兩者合併治療可提升反應率
反應率與睪固酮濃度關係	低睪固酮者治療可提高對 PDE5 抑制劑反應率	睪固酮濃度正常者不會有反應

三、篩檢

性功能障礙是低睪固酮的主要癥候，篩檢睪固酮成為介入改善男性健康的好機會。

　　性功能障礙是低睪固酮的主要癥候，驅使病患尋求治療。低睪固酮的 3 大性功能障礙包括情慾低落、失去晨勃與勃起功能障礙，其他性功能障礙包括達不到高潮、高潮強度減弱與外生殖器撫摸愉悅感衰退，補充睪固酮可改善這些症狀，增加滿意度。

　　鼓勵有勃起功能障礙的病患篩檢睪固酮，具有下列好處：

1. 睪固酮恢復生理濃度或能恢復自發性勃起，這是難能可貴的機會；
2. 補充睪固酮是唯一可恢復情慾的治療，此類患者經常需要如此；
3. 補充睪固酮可同時改善其他症狀，例如缺乏元氣與情緒困擾；
4. PDE5 抑制劑若要發揮作用，需要睪固酮在正常濃度。

Q 海綿體自我注射或人工陰莖植入手術後，可接受睪固酮治療嗎？

A 可以的，這兩項治療都可以併用睪固酮治療。

Q 先天性缺乏睪固酮與後天性缺乏，對男性的行為有什麼不同影響嗎？

A 男性一生的行為都受性荷爾蒙的影響，從胎兒時期烙印大腦開始至終老。先天性缺乏睪固酮的男性，從未感受過睪固酮的影響，後天性缺乏者曾經感受過卻變成不足，可預期兩者的行為會有差異，但目前沒有研究報告。

Q 服用睪固酮可改善勃起功能嗎？

A 期待利用睪固酮治療來增進勃起功能或改善勃起硬度，從過去的臨床試驗結果已清楚證明，效果非常不理想，原因如下：

1. 睪固酮要低於正常才會出現性功能障礙，睪固酮濃度正常者（ > 350 ng/dL），睪固酮治療不會產生任何改善效果。
2. 即使有低睪固酮，改善幅度不僅相當有限，也只能持續 1 個月。
3. 輕度障礙者反應率較好，重度障礙者效果非常不理想。

CHAPTER 4

情慾

治療情慾低落，除了補充睪固酮以外，其他可能的影響因素也須修正，才能獲得良好結果。

一、男性情慾

因為終生都有睪固酮，男性對性行為的興趣始終高於女性。

情慾屬於一種情緒激發行為，驅使個人去尋找與實踐性活動。當解讀由認知、感官或情緒接受的刺激含有性興奮時，轉而刺激大腦撩起情慾，這是整個性反應的第一步驟，兩性皆然。大腦的下視丘與邊緣系統負責將性刺激轉化成情慾，這 2 個器官含有雄激素接受體。

雖然生理機制依然不明，但已知睪固酮對性行為非常重要。睪固酮作用在情慾，但需要雌激素參與。男性身上接受人為的去睪固酮試驗，發現補充睪固酮可恢復情慾，但若同時投予芳香酶抑制劑（阻斷睪固酮轉化成雌激素），無法恢復情慾。

判斷情慾高低的臨床指標有：

- 性行為頻率（性行為泛指性交、手淫、親密行為），有時候性行為可以沒有情慾
- 性幻想
- 性的聯想
- 啟動性行為

每個人的情慾水平都是獨特的，不能期待伴侶的情慾水位跟自己相同。一般相信，男人的性致比女人高；確實，要冷卻男人的慾火要比女人費時，因為男人有男性荷爾蒙幫忙。

兩性情慾落差是正常且常見的，需要協調平衡，不是關係上的災難。

二、情慾低落

影響男性情慾因素有睪固酮、健康與情境 3 大因素，其中睪固酮最容易檢測排除。臨床若以情慾低落、勃起功能障礙與晨勃減少 3 大症狀來鑑別低睪固酮，準確度可大幅升高。

精神疾病診斷與統計手冊對於情慾低落的定義是：持續或反覆發生對性行為缺乏念頭、幻想與慾望，這些症狀必須持續超過 6 個月且對個人產生明顯的壓力。影響男性情慾的 3 大因素是：睪固酮、健康與情境因素（表 II-3）。

表 II-3 男性情慾低落可能原因

• 缺乏雄激素	• 癲癇症
• 高泌乳激素血症	• 創傷後壓力症候群
• 飢餓與焦慮	• 腎衰竭
• 憂鬱	• 心血管疾病與心臟衰竭
• 人際關係衝突	• 老化
• 中風	• 人類免疫缺乏病毒
• 抗憂鬱藥物治療	• 健身與飲食失調

影響情慾的荷爾蒙以睪固酮最重要，其他還有雌激素、泌乳激素、可體松等。急性與慢性疾病會影響情慾，情境因素包含人事物、情緒、疲勞、壓力等，年紀愈大愈容易受這些因素影響，此外憂鬱症或伴侶間的關係衝突也都是常見原因。

男性性反應的關鍵步驟都跟雄激素有關，然兩者的關係並沒有想像中單純。睪固酮濃度與情慾高低只在年輕男性有相關性，在中老年男性身上兩者並無相關性，顯見情慾低落是多重因素造成的。

續發於勃起功能障礙的情慾低落，並不符合診斷。原發性情慾低落患者，因為對性行為缺乏性趣，會合併勃起功能障礙，治療情慾低落，勃起功能也會跟著改善。

單以情慾低落來篩檢是否睪固酮濃度過低，準確度不高。如再加上勃起功能障礙與晨勃減少，這 3 個症狀都出現，診斷準確度提高很多。

臨床試驗治療成人型的低睪固酮，睪固酮跟安慰劑比較，能明顯改善情慾。一項臨床試驗針對低睪固酮合併情慾低落患者，在睪固酮 6 周治療後，明顯出現情慾改善效果，且能維持至 12 周結束試驗。

綜合目前的研究，睪固酮治療改善情慾，僅限於睪固酮濃度過低者，濃度正常者補充睪固酮不會提升情慾，至於輕度或重度濃度缺乏在治療反應率沒有差別。

Q 做愛頻率要幾次才算正常？

A 性行為沒有所謂多久做 1 次、1 次要做多久才算「正常」。性功能障礙指標通常是壓力或困擾，不管頻率如何，只要不構成壓力或困擾，就不能認定有性功能障礙。

Q 睪固酮治療會造成縱慾過度嗎？

A 性行為的需求很像食慾的週期起伏，餓一陣子後會食慾大增，飽餐一頓後很快會對美食無感。性胃口大小，反映出個人的情慾高低，大部分都會自我調整，不需設限，也跟睪固酮治療無關。

男性的睪固酮濃度不足會造成情慾低落，補充睪固酮，情慾可恢復正常，縱使睪固酮在高檔也不會造成縱慾過度。

縱慾過度其實是一種迷思，古人相信男性的精液很寶貴，若為了傳宗接代無可厚非，但若只為貪圖一時之快，有識之士就會恐嚇、過度渲染性行為的不良後遺症，讓人心生恐懼。

男子假如成天只想作那檔子事，問題在伴侶能否配合，若需要不斷尋找不同對象，則感染性傳染病的機會大增；另一個重點是生活與工作是否受到影響。

Q 男性荷爾蒙跟性暴力有關嗎？

A 男性荷爾蒙常被認誤為與一些男性的人格或行為異常有關。

丹麥在 1972 年以前，以閹割治療嚴重性犯罪者，但閹割後有 30% 的人仍可以性交，再犯比率也相當高，其中有 3% 因無法忍受生理缺陷自殺。第二次世界大戰期間，英國以女性荷爾蒙來矯治男同性戀。

去勢矯治男性暴力累犯引起爭議，現已不再施行。過去有數個臨床試驗嘗試以藥物治療性暴力累犯，但因樣本數小、治療時間過短，無法獲得有效的結論。

文獻回顧支持，罹患低睪固酮的男性暴力累犯，接受睪固酮治療不會增加再犯率。

Q 成癮性毒品被當成春藥使用有效嗎？

A 傳統概念中對春藥的定義是模糊的，一般指的應是能增加情慾的藥物。成癮性毒品確實常被當作春藥，治療性功能障礙或助性。

成癮性毒品對性功能的影響可分成藥物直接與間接影響，藥物急性作用與慢性作用，使用的期間、劑量、投予頻率會影響結果。另外，毒品引起依賴性及破壞人際關係、個人的期待都可能影響結果。

從藥理學角度分析，成癮性毒品對性功能都是不利的。

安非他命會大量釋放神經傳導物質，造成短時間的興奮、血

管收縮、血壓上升，導致神經病變，臨床上造成勃起功能障礙（俗稱冰毒陰莖〔Crystal dick〕）與無法射精。

嗎啡屬於中樞神經抑制劑，抑制腦下垂體功能，降低血中睪固酮濃度，對性行為失去興趣，導致勃起功能障礙、無法射精與情欲低落。

除了上述藥物的直接作用，另一方面藥物成癮者通常會有行為異常及人際關係問題，很難維持穩定家庭生活或婚姻關係。

將成癮性毒品當成春藥服用，不啻是飲鴆止渴。

情緒認知

情緒認知障礙在睪固酮缺乏時才會出現,檢視過去臨床研究,因為沒有考慮受試者的睪固酮濃度,導致臨床效果不一致。

一、憂鬱症

> 睪固酮可作為憂鬱症的輔助治療,但必須慎選對象。

心情不好是常見的情緒反應,但泰半是短暫的,憂鬱症則是持續嚴重的憂鬱,且不一定有外在壓力。

世界衛生組織宣告憂鬱症是個人失能原因的第 1 名,社會經濟損失排名第 2,僅次於心血管疾病。許多慢性病或嚴重身體疾病,例如糖尿病、高血壓、洗腎患者,都可能合併憂鬱症,高達四分之一至三分之一的癌症病患合併憂鬱症。

調查發現,臺灣憂鬱人口逾百萬以上,女性(10.9%)是男性(6.9%)的 1.8 倍,15 歲以上的人 8.9% 有中度程度以上的憂鬱症,5.2% 有重度憂鬱症,社會經濟損失估計 1 年超過新台幣 350 億元。

目前憂鬱症治療以藥物為主,但反應率並非完全理想,仍有改善空間。睪固酮生理作用可影響神經系統,改變情緒及食慾。動物試驗發現睪固酮刺激大腦釋放血清素,重建神經元傳導,而增加血清素可改善思考與自我認知。

流行病學調查發現，憂鬱症跟睪固酮濃度有些有關，有些卻無關，原因可能有許多干擾因素，例如慢性病、肥胖、喝酒習慣、壓力，因此大大增加了研究時的複雜度。攝護腺癌患者接受去雄激素治療，罹患憂鬱症風險增高達 41%。

統合分析發現，睪固酮治療能改善憂鬱症，有效的族群限年紀低於 60 歲、有低睪固酮、愛滋病患與輕度憂鬱症者。《美國醫學會雜誌》（ *The Journal of the American Medical Association, JAMA* ）刊出一篇回顧分析文章，支持以高濃度睪固酮治療（0.5 克／週）可明顯改善憂鬱症狀。重症憂鬱患者首選依然是抗憂鬱症藥物、認知治療及精神諮商，睪固酮不能發揮作用。

二、認知功能

> 睪固酮跟認知功能衰退有關，但睪固酮是否可預防或治療認知衰退，目前仍無定論。

人類大腦功能包括記憶、解決問題、語言和空間思維、及情感，其中在處理外來的刺激時則分成感覺、知覺與認知 3 個層次。

認知是獲取知識的過程，幫助我們去指認、分類、記憶、排序、學習新知、形成概念，具備解決問題的能力。

大腦智力與認知能力隨著年齡下降，當認知功能衰退到影響社交或工作表現就是失智症。我國失智症的罹患率隨年齡增高而增加，65 至 74 歲約 3%，75 至 84 歲約 19%，85 歲以上者超過 2 成有失智症。

腦力衰退主要原因是血管病變，一些臨床研究認為跟睪固酮的下降有關係。一項針對年輕男性的研究發現，空間認知功能跟睪固酮濃度最相關。長達 10 年的世代追蹤研究發現，生體可用睪固酮濃度減少會影響大腦語言及視覺相關記憶功能。

利用臺灣健保資料庫癌症登錄分析 23,651 位攝護腺癌病患，其中接受去雄激素治療跟沒有去雄激素比較，罹患失智症（含阿茲海默症）風險增加 34%。

澳洲的神經研究團隊在 2019 年的《阿茲海默症期刊》（*Journal of Alzheimer's Disease*）發表論文，該團隊觀察到阿茲海默症的病理變化跟第 2 型糖尿病類似，推論睪固酮治療可降低阿茲海默症風險，前提是需長期維持睪固酮在生理濃度，並搭配飲食控制及運動。

義大利研究團隊於 2020 年發表統合分析，過去 17 篇睪固酮跟安慰劑比較的治療失智症研究，由於受試者的睪固酮濃度混合著正常者及低下者，而睪固酮治療通常對低睪固酮才有效，目前仍無法對睪固酮是否可改善認知功能做出結論。

Q 診斷憂鬱症有什麼標準？

A 根據精神疾病診斷準則手冊，憂鬱症診斷是下述 9 個中有 4 個症狀以上持續超過 2 週，包括：

- **憂鬱情緒**：快樂不起來、煩躁、鬱悶
- **興趣歡樂減少**：提不起興趣
- **體重下降（或增加）；食慾下降（或增加）**
- **失眠（或嗜睡）**：難入睡或整天想睡
- **精神運動性遲滯（或激動）**：思考動作變緩慢
- **疲累、失去活力**：整天想躺床、體力變差
- **無價值感或罪惡感**：覺得活著沒意思、自責難過，都是負面的想法
- **無法專注、無法決斷**：腦筋變鈍、矛盾猶豫、無法專心
- **反覆想到死亡或有自殺念頭**

Q 如何區分憂鬱症跟低睪固酮症狀？

A 在症狀上，憂鬱症跟低睪固酮兩者有相當程度的重疊，部分憂鬱症患者也可能合併低睪固酮，而睪固酮治療可改善心情。

低睪固酮的憂鬱症狀通常是輕度的，感覺提不起勁，缺少活力。憂鬱症則是對什麼事都覺得無趣，甚至有尋短的念頭，必須尋求精神科專業醫師的治療。

留住青春

低睪固酮破壞健康、影響生活品質，睪固酮治療可幫助恢復健康，找回年輕感覺，若能搭配健康生活型態效果更佳。

一、生活品質

> 睪固酮濃度不足會影響身體功能、社交功能、活力，透過治療可明顯改善生活品質。

睪固酮在各年齡層，維持由情緒、行為、生活品質建構的多面向心理網絡均衡。

在「睪固酮濃度與健康相關的生活品質」研究中，研究團隊以含 36 個項目的整體健康問卷評估 223 位男性，比較睪固酮濃度跟問卷分數之關係。在控制年齡與肥胖干擾因素後，發現睪固酮濃度不足會影響身體功能、社交功能、活力，造成整體健康衰退，睪固酮濃度過低者其精神與身體健康，明顯不如濃度正常者。

低睪固酮可導致代謝異常、性功能障礙，還跟衰弱症（Frailty）有關，衰弱症是全身系統功能衰退，增加跌倒、骨折、住院與死亡之機率（見本書 Part V 第 5 章防患未然）。

一項統合分析睪固酮與對照組比較研究，測試共 1,212 位低睪固酮患者 6 至 12 個月，結果支持睪固酮治療可明顯改善精神、身體症狀與性功能，而這些指標的進步等於生活品質改善（圖 II-5）。

低睪固酮患者接受睪固酮治療後能得到正面反應，特別在情慾、自發勃起、精力充沛、減輕疲勞，及情緒改善等方面，回診時經常聽到病患自述「比從前感覺更年輕」或者「感覺比從前好很多」。

除了促進身心健康，睪固酮治療另可減脂增肌、改善新陳代謝與降低心血管疾病，這些疾病也攸關生活品質甚鉅。

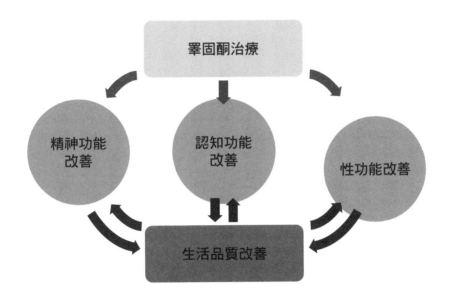

圖 II-5 睪固酮治療藉由改善精神、認知與性功能，達到改善生活品質

二、健康老化

睪固酮治療帶來的正面效果幾乎等同抗衰老，只是在概念上兩者不全然相同。抗衰老含有預防概念，不分睪固酮濃度正常與否，對象也不明確。

法國神經生理學家布朗西寇（Brown-Se'quard）於 1889 年發表注射萃取自狗與豬睪丸的精華露，宣稱具抗衰老效果，此療法在歐洲與北美地區流行長達數十年，為荷爾蒙治療的濫觴。

　　性荷爾蒙治療，不管是男性低睪固酮或女性更年期，都是相當有吸引力的議題，留住青春不可能沒有性荷爾蒙治療。即便科技演變至今，人類還是無法抗老化，任何治療宣稱可抗老化其實都有點言過其實，但可以活得更健康或者更成功，專家倡議以健康老化（Healthy ageing）或成功老化（Successful ageing）概念代替，而且提出 3 個達成條件（見圖 II-6），此 3 個條件跟睪固酮治療效果是相同的（Part I 第 7 章）。

圖 II-6 健康老化三要件

Q 幾歲才稱為老年人？

A 現在平均壽命普遍逐年增高，臺灣仍習慣稱 65 歲以上的人為老年人，世界衛生組織提出新的分類標準：44 歲以下稱青年人，45 至 59 歲稱中年人，60 至 74 歲稱年輕的老年人，75 歲以上稱老年人，90 歲以上稱長壽老人。

上述是根據個人的年代年齡判定，然而判定個人的「年齡」，還有所謂的生理年齡、體年齡、心理年齡和社會年齡等。

Q 睪固酮對男性的皮膚與毛髮有哪些作用？

A 睪固酮對男性的皮膚與毛髮有很深的影響，皮膚的皮脂腺與毛囊都含有 5-α- 還原酶，可將睪固酮轉化成雙氫睪固酮（DHT），重要性可見一斑。

粉刺形成跟皮膚局部產生過多的雄激素有關，較高的雄激素濃度有較旺盛的皮脂腺體分泌能力，皮脂具有保濕效果、減少皮膚磨擦，男性皮膚毛細孔比女性粗。

毛囊的雙氫睪固酮刺激某些部位毛髮生成，例如腋下或陰部，在某些部位卻刺激毛髮脫落，尤其是頭頂及髮際的後退，形成雄性禿。基因影響雙氫睪固酮的毛髮脫落效果，因此有個別差異。

睡眠障礙

睡眠是人體的重要活動週期,提供生理機能修復時機,長期失眠導致許多身體機能失調,包括內分泌系統。

一、睡眠障礙

睪固酮濃度隨晚上睡眠時間同步升高,隨白天清醒時間同步減少。長期失眠容易造成睪固酮分泌失調,睡眠品質不良是低睪固酮的疾病表徵之一。

睡眠休息讓體力恢復,偶爾失眠在所難免,身體能很快調整過來。失眠可能短期幾天,也可能長期持續 1 個月以上。長期失眠影響工作,易生意外,增加精神疾病風險。年紀愈大,熟睡時間變短,醒來次數增多,睡眠品質愈差。

睪固酮製造需要睡眠,連續睡眠 3 小時濃度可達頂點,年輕人可維持最高濃度至清晨,睡眠若遭中斷就會影響濃度。睪固酮並非一定要在晚上才能製造,白天睡眠若時間長度相等,也有相等效果。體內的睪固酮濃度,隨睡眠時間同步增多,隨白天清醒時間同步減少,但存在個別差異。

剝奪睡眠時間會導致睪固酮濃度下降,老年人受的影響比年輕人厲害;睪固酮降得更低,恢復更慢。

睡覺時間長短的重要性可能比不上睡覺時機。限制健康年輕人,連

續 8 個晚上只能在前 5 個小時（00：30~05：30 a.m.）睡覺，結果讓睪固酮濃度下降 10~15%；改成只能在後半段（04：00~08：00 a.m.）時間睡覺，睪固酮濃度不變。此實驗結果透露，雖然前段睡眠時間被剝奪，但在後半段時間可睡得更熟補償，不致於影響睪固酮濃度。

睡眠品質與時間長短跟睪固酮濃度有關，反之亦然。65 歲以上罹患低睪固酮男性的睡眠效率降低、睡眠時間短且半夜睡醒次數增多。老鼠切除睪丸後，熟睡的頻率明顯減少，補充睪固酮後則可恢復。濫用過高濃度的睪固酮，會減少睡眠時間、增加失眠與中途睡醒次數。

二、睡眠呼吸中止症

> 罹患睡眠呼吸中止症病患接受睪固酮治療，不僅可改善低睪固酮症狀，亦可改善性功能障礙。

五分之一的成年人睡覺時出現打鼾，若在打鼾聲中出現呼吸中止數秒，隨後又出現很大的打鼾聲，就是罹患睡眠呼吸中止症（Obstructive sleep apnea syndrome）。患者因為在睡覺時發生呼吸道阻塞，造成呼吸暫時停止。

睡眠呼吸中止症男性盛行率是 4%，女性是 2%。常見原因包括肥胖，維持呼吸的肌肉張力不足而塌陷，先天下巴較小或後縮，扁桃腺或懸壅垂過大。男性肥胖是高風險族群，跟睡眠呼吸中止症的嚴重度有關，是造成低睪固酮的主因。

中年患者容易合併低睪固酮、肥胖、老化與勃起功能障礙，出現疲勞、活動無力症狀主要因為缺乏睪固酮，與睡眠的血氧濃度無關。

臺灣醫學中心都設有睡眠檢測室，病患需在檢測室過一夜，監測睡覺時腦波、心臟節律、呼吸道通暢、四肢肌肉活動，計算每小時發生呼吸暫停或缺氧次數，稱呼吸障礙指數（Apnea-hypopnea index, AHI），正常應低於 5。

治療睡眠呼吸中止症是否會提升睪固酮濃度目前尚有爭議，有些研究報告可改善有些則無，但以睪固酮治療患者受到肯定，除可改善低睪固酮症狀，亦可改善常合併出現的性功能障礙。

三、夜尿

低睪固酮患者比正常者的夜尿次數明顯增多，接受睪固酮治療可減少夜尿次數、改善睡眠品質。

夜尿是指平常晚上睡覺時，因尿脹或尿急起身上廁所的次數，次數計算需扣除睡前與睡醒後的解尿，特殊狀況例如晚間應酬喝酒或失眠也要排除。

正常成人的夜尿不超過 1 次，美國調查 30 至 70 歲男性，40% 須夜尿 2 次以上，60 歲以上老人則有超過半數須夜尿 2 次以上。

夜尿會影響睡眠品質，50 歲以上男性報告失眠的主因是夜尿，很多人抱怨只要起身夜尿就很難再入睡。

夜尿原因包括睡眠習慣不良、下泌尿道功能障礙和尿液形成過多。後者常見於患有心臟病或缺少活動的老人，他們白天長時間坐在輪椅上，晚上睡覺時平躺讓蓄積在下肢的體液回流增加，導致夜尿。

低睪固酮患者比正常者的夜尿次數明顯增多，因為低睪固酮合併睡眠障礙、尿液濃度降低、下泌尿道症狀加劇與代謝症候群等因素，見**圖II-7**。

　　綜合分析研究發現，低睪固酮患者接受睪固酮治療後，夜尿次數明顯減少，睡眠品質同時獲得改善，該治療已成為低睪固酮患者改善睡眠品質的方法之一。

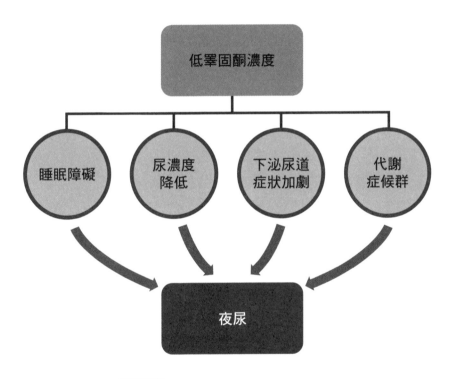

圖 II-7 低睪固酮引起夜尿的可能機轉

Q 晨勃很少甚至消失了，是否表示睪固酮不足？

A 晨勃其實是夜間勃起的現象，只是剛好發生在睡醒時，任何時間睡覺都會有勃起。很多人誤以為晨勃跟膀胱脹尿有關，這是錯誤的聯想，其他時間的膀胱脹尿並不會伴隨勃起。

男性勃起有 3 個類型，中樞啟動（因為視覺或觸覺）、反射性（陰莖包皮前後抽動）及夜間勃起。夜間勃起發生在快速動眼期，跟性興奮或春夢沒有關係，正常年輕人每晚至少有 3 至 5 次、每次 15 至 20 分鐘的夜間勃起。

晨勃或夜間勃起減少，是低睪固酮癥候之一，值得進一步檢查。

Q 睪固酮治療可以恢復晨勃？

A 可以的，很多接受睪固酮治療的男性在回診時高興地說，晨勃恢復、自發勃起增多，覺得恢復年輕狀態，這些確實跟血中睪固酮濃度有關。

Q 睡眠呼吸中止症有哪些治療方式？

A 目前治療方法計有：

1. 持續氣道正壓呼吸器（Continuous positive airway pressure, CPAP），此是一個面罩設計，睡覺時戴在臉上，口罩的另一端連接氣體供應器，提供正壓氣流打開呼吸道，可有效改善症狀，被列為標準治療。

2. 體重過重者治療第一要件為進行減重。

3. 睡前不飲用酒類飲料，避使用鎮靜劑、安眠藥。

4. 側躺睡覺。

5. 口咽整形手術。

Q 工作經常需要日夜輪班，會影響睪固酮濃度嗎？

A 日夜輪班不會影響睪固酮濃度，但假如適應不良，容易產生失眠、睡不飽及睪固酮濃度下降，而後者可能是造成適應不良的原因。

骨骼健康

雄激素與雌激素在維持骨密度扮演關鍵角色，濃度不足就會產生骨鬆症，升高骨折風險。維持健康的骨骼，男性只要睪固酮濃度正常就可同時兼顧雌激素濃度，另還需要維生素 D、鈣質與運動。

一、骨密度

> 骨骼系統也會新陳代謝，替換率每年約 1 成，當分解高於重建，骨密度就降低，增加骨折機會，臺灣被列為低創傷骨折的高風險國家。

骨骼系統包含骨骼與關節，支撐全身重量與構成活動。人類的骨骼外型在青春期後固定，但內部結構仍不斷地分解與重建，替換率每年約 1 成。骨骼替換由蝕骨與成骨細胞負責，兩者的活動受睪固酮與雌激素影響。

由於骨骼不斷地分解與重建，當分解高於重建，骨密度就會降低，嚴重時產生骨質疏鬆症，主要的併發症是在輕度撞擊，產生低創傷骨折（Low trauma fracture）或骨鬆症骨折（Osteoporotic fracture）。

一項全球低創傷骨折發生率，依照過去論文發表的 65 歲以上骨盆骨折發率計算（含男女性），發現最高與最低風險差 10 倍，發生率最高前 3 名分別是丹麥、瑞典與挪威，臺灣排第 7 位，同樣被列為高發生率國家，是亞洲唯一排在前 10 名的國家。

骨密度檢測採用雙能量 X 光吸光式測定儀，結果與健康年輕人比較得出 T 分數，再依 T 分數分成 4 個等級：正常、骨量不足、骨質疏鬆症與重度骨質疏鬆症。

骨質疏鬆症的危險因子，分無法修正及可修正兩類（**見表 II-4**）。性別是最強的危險因素，女性發生骨折機率比男性高 6 成。其次是年紀，年紀愈大風險愈大。男性低睪固酮也是風險因子，屬於可修正因子。

表 II-4 骨質疏鬆症的風險因子分成無法修正與可修正兩種

無法修正的風險因子	可修正的風險因子
• 女性 • 年紀老化 • 白種人／亞洲人 • 年輕健康時的骨密度不高 • 家族史有骨質疏鬆症 • 骨折病史	• 低睪固酮、缺乏雌激素 • 鈣攝取不足 • 缺乏運動 • 抽菸、喝酒、喝咖啡過量 • 長期服用類固醇 • 低身體質量指數

維持骨骼健康除了需要性荷爾蒙以外，合成骨骼需要鈣質，鈣質在維生素 D 的作用下自腸道吸收。為增加骨骼健康，幾項生活型態建議：

• 荷重運動增加骨密度和強健肌肉，多從事健走、慢跑、爬樓梯、登山、跳繩、舉啞鈴等。

• 攝取乳品類、高鈣豆製品、黑芝麻、小魚乾及深綠色蔬菜。

• 日晒可增加體內維生素 D3 轉化，幫助吸收鈣質。

• 每日攝取鈣質達 1,200 毫克，鈣片含鈣比例 20~40%。

二、性荷爾蒙

男性因為睪丸終生都會分泌睪固酮，再經周邊細胞轉化成雌激素，骨質健康優於女性，骨折機率比女性低。低睪固酮男性接受睪固酮治療，可改善骨密度。

睪固酮與雌激素在青春期開始共同幫助骨質形成，青春期後繼續維持其密度正常。性荷爾蒙的角色主要在抑制蝕骨細胞對骨骼的再吸收，雌激素的重要性高過睪固酮。

性荷爾蒙濃度不足會降低骨密度，嚴重時形成骨質疏鬆症，增加低創傷性骨折機會。睪丸自青春期開始分泌睪固酮至終老，男性體內的成骨細胞與脂肪細胞含有芳香酶，可將睪固酮轉化成雌激素，等於終生保有兩種性荷爾蒙，男性因此比女性較少發生骨質疏鬆症或低創傷骨折。

青春期骨骼生長需性荷爾蒙刺激，關閉長骨的骺板（生長板）靠雌激素，自此骨骼外型不再發生變化。

克氏症候群患者（見 Part I 第 5 章病因）身材瘦長，下半身長度大於上半身，即因為青春期缺乏雌激素，骺板無法關閉導致長骨過度生長。男孩在青春期啟動前使用睪固酮，短時間刺激長骨拉長，但骺板會提早關閉，最後的身高反而不如同儕。

老年男性補充睪固酮，可減少骨質流失及骨質分解產物排出，但要 1 至 2 年才可出現效果，骨密度改善在腰椎較明顯。一項研究睪固酮治療 3 年，骨密度增加 $4.2 \pm 0.8\%$。服用類固醇常導致骨鬆，接受睪固酮治療可有效增加骨密度。

睪固酮治療可改善骨質，若同時補充維生素 D 與鈣片，理論上可降低骨折風險，但目前仍缺試驗支持。

Q&A

Q 先天性缺乏睪固酮男孩，何時開始荷爾蒙治療較恰當？

A 先天性缺乏睪固酮男孩，荷爾蒙治療的理想時機是在青春期前期，跟同儕同步發育成長，孩童的心理比較健康。性荷爾蒙除了可刺激長骨生長以外，對骨質健康很重要，錯過青春期，將來補充可能無法彌補骨質疏鬆問題。

缺乏睪固酮若是因為睪丸問題，就直接補充睪固酮，若病因來自腦下垂體，亦可注射人類絨毛膜性腺激素（hCG）。睪固酮濃度可跟據年齡調整，不需擔心骨骺板提早關閉。

Q 肥胖男性的骨密度比體重正常男性更好？

A 肥胖與骨質疏鬆症兩者都是多因素造成的，須綜合所有影響因素，才能得知最後結果。男性肥胖的骨密度有正面與負面影響因素：

- **正面因素：**（1）雌激素增高；（2）體重較重；（3）減低肝臟製造性荷爾蒙結合球蛋白（SHBG），有利性荷爾蒙濃度。
- **負面因素：**（1）低睪固酮；（2）生活型態因素，例如少運動、營養失衡、少外出晒太陽。

檢測肥胖男性的骨密度與骨力都比不上體重正常男性，因為脂肪細胞囤積在骨髓，降低骨密度，支持肥胖骨折的風險比正常人高，需要減重改善骨質密度。

Q 類固醇引起骨鬆症可以用睪固酮改善嗎？

A 長期使用類固醇是醫源性骨鬆症最常見原因，造成 3 至 5 成的低創性骨折，原因是抑制腦小垂體及睪丸分泌功能。研究顯示，睪固酮治療 1 年能改善肌肉體積、肌力與腰椎的骨密度。

Part III

安全疑慮

在醫藥史上，要像睪固酮如此命運多舛的還真少見！先被認爲是性暴力、男性短命的元凶，隨後被認爲會造成攝護腺癌，列爲拒絕往來戶，這幾年又被認爲會增加心血管風險，少碰爲妙。但真金不怕火煉，讓實證醫學來還原事實真相。

攝護腺癌

過去因為相信睪固酮會惡化癌症，攝護腺癌病患始終被排除在睪固酮治療之外，這禁忌最近被「飽和理論」翻轉了。但故事還未停止，愈來愈多證據顯示，缺乏睪固酮會讓攝護腺癌細胞容易轉成高惡度分化。戲劇般的角色轉變，只能説拍案驚奇。

一、謎團

儘管知道攝護腺的生長需要睪固酮，臨床卻出現一些難以解釋的謎團，讓人不禁懷疑睪固酮濃度似乎跟攝護腺癌無關。

性荷爾蒙治療原本是很令人期待的，讓人有「回到從前」的感覺，可是卻有引發癌症的疑慮，只能徒呼負負。許多接受睪固酮治療的男性，後來被診斷出攝護腺癌，更是後悔當初的決定，或甚至責怪醫師當時沒有警告風險。

攝護腺與男性荷爾蒙的關係確立，開始自哈金斯（Huggins）與霍奇思（Hodges）在 1941 年的臨床與動物試驗，證實攝護腺的生長需要男性荷爾蒙的刺激，二位因而獲得諾貝爾醫學獎。

自此而後蓋棺論定，攝護腺需要男性荷爾蒙，去除血中男性荷爾蒙，攝護腺就萎縮，有攝護腺疾病者不能補充睪固酮，否則簡直就像是提油救火。

由此衍生出來的概念，嘉惠全球數百萬計的攝護腺癌病患。攝護腺癌是男性常見惡性腫瘤，發生遠處轉移者接受去雄性素治療，可以緩解症狀，行動與生活一如往常，號稱是「最輕鬆的癌末病患」，去雄性素成為攝護腺癌的經典治療。臨床觀察先天性雄性素低下症男性，幾乎不會有攝護腺疾病。

臨床上，順理成章，將攝護腺癌列為睪固酮治療的禁忌。

可是，想進一步證明睪固酮是攝護腺癌的危險因子，竟然非常困難。出現一些難以解釋的謎團：

- 攝護腺癌發生率隨年齡上升，血中睪固酮濃度卻隨年齡下降。睪固酮濃度是高一點還是低一點，哪一個比較容易得攝護腺癌？
- 男性荷爾蒙如果有害，為什麼去雄性素治療要等到發生轉移才進行？
- 超過一半以上的攝護腺癌病患，體內仍有相當濃度的睪固酮，對疾病有不良影響嗎？
- 攝護腺癌病患跟正常男性相比，兩者血中睪固酮濃度並無差異。
- 為何大部分研究竟然報告，睪固酮濃度跟攝護腺癌沒有關係？
- 攝護腺根除手術後，體內已無攝護腺，為何還不能補充睪固酮？

外來補充睪固酮，會增加攝護腺癌風險嗎？所有的臨床報告都否認會。

使用英國健保資料庫追蹤 12,779 位新診斷低睪固酮男性，平均追蹤 4.5 年，支持睪固酮治療跟被診斷攝護腺癌無關。統合分析 22 項隨機分派對照研究，共 2,351 位受試者接受睪固酮治療，支持治療組得到攝護腺癌風險跟對照組相同。

二、飽和理論

睪固酮需要跟接受器結合才能發生作用，攝護腺體積小，內含接受器數目極為有限，當它飽和後，血液內再多的睪固酮都不會影響攝護腺生長。

哈佛醫師亞伯拉罕 · 摩根泰勒追溯哈金斯當年的試驗，其實只是兩位病患的結果，而且只靠單一檢測值。他於 2006 年發表「飽和理論」，認為男性荷爾蒙要跟雄激素接受體結合才能發揮作用，當它飽和後，多餘的荷爾蒙濃度不會影響攝護腺生長。

「飽和理論」從日常生活比喻很容易理解，攝護腺雄激素接受體的容量跟小茶杯的裝水量一樣，過量的水倒入小茶杯，不會改變小茶杯的裝水量。「任憑弱水三千，我只取一瓢飲」的意境，也吻合飽和理論的概念。

攝護腺體積很小，重約 20 公克，血中睪固酮只要 120 ng/dL，腺體內的接受體就飽和，超過的濃度不會影響攝護腺。身體其他器官需要的睪固酮濃度遠高於此，正常濃度下限是 350 ng/dL，需要的水量就像一個大茶壺。

臨床與基礎研究結果都支持此理論，全球專家推崇此理論。臨床謎團也獲得合理解釋：

- 男性年齡增長，睪固酮濃度雖然下降，但始終足夠刺激攝護腺生長。
- 攝護腺癌的發生或進展跟血中睪固酮濃度無關，攝護腺體只需要極低的睪固酮濃度就能增長。
- 正常或低睪固酮男性接受睪固酮補充，不會增加攝護腺癌風險。

已知讓攝護腺接受體飽和的睪固酮濃度是 120 ng/dL，另一個關鍵問題是，睪固酮要降到哪種程度才不會刺激攝護腺？

在攝護腺癌的去雄性素治療中，儘管血清睪固酮濃度低於 20 ng/dL（符合去勢定義），此時再投予新一代的雄激素接受體阻斷劑，還可讓攝護腺特異抗原（PSA）下降。由此可見，雄激素接受體對雄激素超級敏感，即便睪固酮已測不到或者檢測值為"0"，只要有一點點蛛絲馬跡，攝護腺就是「打不死」地持續生長。

三、補充睪固酮

在各國學會出版的男性低睪固酮治療指引中已宣示，補充男性荷爾蒙不會增加攝護腺癌進展或復發風險。

美國與歐洲泌尿科醫學會及台灣男性學醫學會，在低睪固酮治療指引中宣告，補充男性荷爾蒙不會增加攝護腺癌進展或復發，攝護腺上皮內腫瘤（Prostatic intraepithelial neoplasia, PIN）病患補充，也不會促發癌症生成。攝護腺癌患者想接受睪固酮治療者，需了解下列條件：

1. 符合低睪固酮診斷條件。
2. 目前仍缺乏大規模長時間的結果，安全性仍需要適度保留。
3. 臨床沒有睪固酮治療禁忌症。
4. 攝護腺特異抗原濃度測不到或呈現穩定狀態。
5. 屬於復發或進展高風險者，接受睪固酮治療要特別謹慎。
6. 不適合正在接受去雄性素治療者。

四、調控癌細胞

> 基礎研究與臨床觀察研究都支持，睪固酮濃度極低時刺激攝護腺癌細胞生長，但在正常生理濃度時則會抑制攝護腺癌細胞生長。

　　破除睪固酮會增加攝護腺癌風險的迷思後，愈來愈多證據顯示睪固酮具有調控攝護腺癌生長的功能。保持睪固酮濃度正常才是男性健康之道，包括攝護腺癌病患在內。

1. **降低癌症風險**：加拿大研究追蹤 10,311 位接受睪固酮治療男性，同時比較 28,029 位對照組，攝護腺癌在治療組（2.8%）比對照組（3.2%）低，其中治療時間最久的癌症風險下降達 4 成。另一項長達 11 年追蹤低睪固酮患者研究，發現新診斷攝護腺癌比率，睪固酮治療組（12/428 = 2.8%）遠低於未接受治療組（45/395 = 11.4%）。

2. **抑制癌細胞**：美國基礎研究發現，睪固酮濃度極低時對攝護腺癌細胞有刺激生長作用，但在正常生理濃度以上則出現抑制現象。針對攝護腺特異抗原 < 4.0 ng/mL 的男性進行切片檢查，攝護腺癌陽性率在睪固酮濃度高於 250 ng/dL 者是 12%，在低於 250 ng/dL 者是 21%，亦即睪固酮愈低愈容易罹患攝護腺癌。

   德國研究團隊將接受攝護腺切片的男性，分成低睪固酮有治療、低睪固酮沒治療與睪固酮濃度正常 3 組，在切片陽性率、癌症分期及癌細胞分化度方面，低睪固酮有治療組都優於其他 2 組。

   法國醫師針對 354 位接受攝護腺根除手術病患進行分析，發現罹患高惡化攝護腺癌跟肥胖或代謝症候群無關，而是跟低睪固酮濃度有關。

3. **降低生化復發率**：早期攝護腺癌接受手術後，部分患者攝護腺特異抗原（PSA）在低檔一段時間後會逐漸上升，稱作生化復發，預告著未來復發或轉移機會增高。

美國研究團隊蒐集攝護腺癌接受手術後，152 位低睪固酮接受睪固酮治療，跟 419 位病理分期配對的對照組（接受手術但未接受睪固酮治療）比較，發現睪固酮治療組比對照組，生化復發率下降 54%、且出現時間延後 1.5 年。

4. **雙極雄激素治療**：攝護線癌經過去雄性素治療，最終將進展成去勢抗性期。近幾年興起雙極雄激素治療（Bipolar androgen therapy），因為經過去雄性素治療後，雄激素接受體數目會大幅增加，此時交替投予超出生理範圍的睪固酮濃度與去雄性素治療，患者的 PSA 可再下降。

Q 年長者射精量逐漸減少跟缺乏睪固酮有關嗎？

A 精液由儲精囊分泌占 70%，攝護腺液占 30%。30 歲以後，男性射精的力道逐漸減弱，但射出的總量未必減少，睪固酮濃度要降到很低才會影響射精總量。

Q 使用睪固酮 3 年，攝護腺特異抗原（**PSA**）去年檢查結果為 **3.0 ng/dL**，最近檢查升至 **8 ng/mL**，可繼續治療嗎？

A PSA 瞬間上升跟睪固酮無關，也不是癌細胞活化現象。有許多原因造成 PSA 上升，包括感染、外力或不明原因，但都是短暫的變化，可持續睪固酮治療，6 個月後再繼續追蹤變化。

Q 飽和理論解釋了睪固酮濃度攝護腺癌謎團，可以運用到其他器官嗎？

A 睪固酮過低會造成情慾低落，補充後情慾恢復正常，再提高睪固酮濃度不會提升情慾水平，臨床觀察結果跟飽和理論吻合。

　　情慾低落經過治療後恢復正常，很多男性擔心繼續治療會變成情慾高漲，正確解讀應該是恢復年輕時的樣子。類似效果可在改善活力或精力觀察到，只是缺有效問卷評估，證據較薄弱。「入

芝蘭之室，久而不聞其香；入鮑魚之肆，久而不聞其臭」也是嗅
覺神經被氣味分子占滿飽和，暫時失去功能，並非嗅覺疲勞。

Q 睪固酮在刺激肌肉生成跟濃度呈正向關係，不會飽和嗎？

A 睪固酮需要雄激素接受體能作用，接受體數目多寡變成睪固酮
作用的限制條件。在接受體未達到飽和以前，都是呈現劑量依
賴性（Dose-dependent）效果。例如睪固酮濃度在飽和點 120
ng/dL 以下，對攝護腺的刺激其實也是劑量依賴性，即劑量愈
高，刺激效果愈大，只是因為接受體數目極為有限，很快就飽
和，超過的濃度沒有作用。

　　肌肉重量在男性人體約占體重的 3 成，要餵飽如此大量的接
受體，需要遠超出生理範圍的睪固酮濃度，因此在有限的生理
範圍內兩者呈現劑量依賴性效果。

Q 治療前如何排除攝護癌？

A 篩檢攝護腺癌主要依靠肛門指診與測定血清攝護腺特異抗原
（Prostate-specific antigen, PSA）值。

　　肛門指診時，醫師戴手套塗抹凡士林後，經肛門觸診攝護腺的
質地及檢查有無硬塊，跟周圍組織沾黏情形。PSA 是診斷攝護
癌的腫瘤標誌，正常值 < 4 ng/mL。若 PSA 介於 4.1~9.9 ng/mL
時，20~30% 有攝護癌，當 ≥10.0 ng/mL 時，罹患攝護癌機率
上升到 65%。

睪固酮治療會加重下泌尿道症狀嗎？

以前擔心會加重下泌尿道症狀，但幾項研究都報告，攝護腺肥大病患接受睪固酮治療，可改善下泌尿道症狀。理由是改善代謝疾病及發炎狀況，甚至認為可成為治療選項之一。

睪固酮治療會刺激攝護腺體增生嗎？

要看患者治療前的睪固酮濃度而定。

假如治療前的睪固酮濃度低於飽和濃度 120 ng/dL，睪固酮治療會刺激護腺體增生與攝護腺特異抗原（PSA）上升，但腺體增生與抗原上升只會到跟正常者相同的程度，因為接受體飽和後就不再變化。

假如治療前的睪固酮濃度高於飽和濃度 120 ng/dL，睪固酮治療不會刺激腺體增生或抗原上升。

MEMO

心血管風險

罩固酮治療可降低腰圍、改善血糖及脂質,這些效果應可轉化成對心血管的好處,呈現在百篇以上的研究報告,支持罩固酮治療可降低心血管風險。

一、不足才是問題

男性低罩固酮增加動脈硬化症與死亡率,而罩固酮濃度正常,不管是內源產生或外來補充,都可降低死亡率。

男性的心血管疾病發生率高於女性,容易讓人聯想罩固酮是元凶,罩固酮與心血管疾病之間的關係特別受到關注。

研究顯示罩固酮對心臟沒有不良影響,低罩固酮則會增加心血管疾病風險。

低罩固酮對心電生理有不良作用,延長 QTc 時間(註:心室去極化及再極化的間隔時間),QTc 時間延長會增加心室心搏過速、心室顫動及多型性心室心搏過速風險。低罩固酮男性相較於接受罩固酮治療男性,更常出現心室顫動。

冠狀動脈疾病有慢性穩定心絞痛與心衰竭兩大後遺症,需多次住院治療且會影響生活品質。對於慢性穩定心絞痛病患,罩固酮治療可改善運動後的心肌缺血。

罩固酮透過阻斷鈣離子及打開血管平滑肌內的鉀離子通道,具有擴

張冠狀動脈血管作用。慢性心衰竭的預後比許多癌症糟糕，睪固酮治療可改善此類患者的運動功能、心臟輸出、降低周邊血管阻力，改善心衰竭等級。

整理過去研究的幾項重要結果：

- 無論在一般族群或慢性病族群，合併低睪固酮都會增加死亡率，從來沒有研究支持高睪固酮濃度會增加死亡率。
- 無論甚麼原因造成的低睪固酮，都會增加脂肪、減少肌肉、惡化血糖控制。
- 睪固酮治療改善心血管疾病風險因子，降低脂肪組織、增多肌肉組織，改善血糖控制。
- 睪固酮治療給心血管疾病患者帶來治療效果，睪固酮治療比安慰劑更能增進患者的運動能力。
- 睪固酮治療可降低內頸動脈內膜中膜厚度，降低腦血管意外。
- 接受睪固酮治療比沒有治療者的死亡率減少近 5 成。

二、發亮的不全是黃金

> 睪固酮治療對心血管的安全性雖受到專家學會肯定，總還是有極少數的雜音，然而這極少數的雜音卻影響很大。若採信這些雜音而不相信更龐大的證據，所犯的錯誤，就像只見秋毫不見輿薪。

2006 年提出飽和理論，讓睪固酮終於擺脫攝護腺癌的夢魘，市場迎來一片榮景，全球的睪固酮處方量節節上升。好景不長，大家對於睪固酮的打擊從來不手軟，因為睪固酮治療又出現新的安全疑慮：增加心血

管疾病風險。

　　儘管絕大部分的研究都支持，睪固酮治療降低死亡率與重大心血管意外，仍有報告指出它會增加風險，出現正反兩面看法在醫療界是極稀鬆平常，更何況支持增加風險的研究屈指可數，因此沒有激起任何漣漪。

　　《美國醫學會雜誌》（*JAMA*）2013年刊登一則美國德州醫學中心研究報告，追蹤8,709位低睪固酮男性患者，發現睪固酮治療組（25.7%）發生心血管意外的機率高於不治療組（19.9%）。此篇報告一刊出，立刻引起媒體大幅報導，聲討荷爾蒙治療的安全性。

　　此篇文章驚醒大咖人物表態，美國食品藥品監督管理局（U.S. Food and Drug Administration, FDA）於2015年要求製藥廠商必須標注警語，加深性荷爾蒙的安全疑慮，專家學者長期累積的信心瞬間瓦解。

　　事實上，該論文被發現治療組與不治療組寫相反，心血管意外比率在睪固酮治療組低於不治療組，同樣支持睪固酮治療可降低心血管風險。雜誌後來刊登2次更正錯誤，其中竟然包括納入女性受試者。

　　過去報告睪固酮治療會增加心血管風險的文獻總共才3篇（扣除上篇），仔細檢閱這3篇的研究設計都有瑕疵，例如沒有對照組或定義不清楚。

　　與區區3篇相比，超過百篇原始研究及超過20篇高品質的綜合分析，一致獲得相同結論：低睪固酮男性若接受睪固酮治療，可降低心血管風險及死亡率。

　　例如，加拿大研究團隊從近百萬人的資料庫，找出3萬名45至80歲心肌梗塞男性，及12萬名年齡配對的控制組，比較兩組過去接受睪固酮治療比率，顯示兩者沒有相關性。

　　美國加州研究團隊，追蹤8,808位低睪固酮接受治療男性與35,527

位低睪固酮不接受治療男性，追蹤平均 3.4 年，發現心肌梗塞發生率在未治療組比治療組增加 3 成。

另有 2 篇研究報告治療濃度正常的重要性，因為發現降低心血管風險因子與死亡率，只發生在睪固酮濃度恢復正常者。

全球醫學會都發表聲明，低睪固酮男性接受睪固酮治療，不會增加心血管疾病風險。

會發亮的不全是黃金，非所有發表的期刊論文價值都相等。期刊有影響因子（Impact factor）作為參考，學會提供的意見也會附帶證據評等，而論文發表有所謂的發表偏差（Publication bias）或抽屜問題（File drawer problem），試驗結果跟別人不一樣，有時候更容易被接受發表。

睪固酮治療的心血管安全性雖受到專家學會肯定，總還是有極少數的雜音，卻造成很大的影響。但若寧願採信少數雜音，對更強大的證據卻視而不見，所犯的錯誤就像只見秋毫之末，不見輿薪。

Q 心血管疾病包括那些？高血壓算嗎？

A 心血管疾病或冠狀動脈疾病是關於心臟或血管的疾病，包括心絞痛、心肌梗塞、中風、動脈瘤、及周邊動脈阻塞性疾病等，不含高血壓或心律不整。

　　另有主要心血管意外事件（Major adverse cardiovascular events, MACE），廣泛用於臨床研究心血管意外的發生率，主要含不致命的中風及心肌梗塞與致命的心血管意外。由於目前缺乏統一的定義，進行研究時需定義清楚，以避免混淆。

Q 睪固酮刺激紅血球增生，會增加靜脈血栓形成嗎？

A 靜脈血栓症包括深部靜脈血栓與肺血栓症，因為血栓塞住血管，無法供應血流及氧氣給組織器官造成壞死，嚴重者可能致命。統合分析過去發表的臨床研究，支持睪固酮治療不會增加血栓症。

MEMO

從不孕轉身成避孕

外來補充睪固酮，因為內分泌系統的負回饋機制，產生副作用不孕症，但從另一個角度看，反而可能變成一種避孕方法。

一、不孕症

> 睪丸生成精子需要強力的睪固酮刺激，睪固酮濃度不正常通常都無法自然生育。

男孩的睪丸在青春期間迅速長大，大小由原來似蠶豆成長到成人比出 OK 手勢時食指與姆指所圈起來的尺寸，自此展開精子生成與分泌睪固酮兩大生理功能。正常左右睪丸大小相仿，表面光滑可移動，飽滿結實有彈性。

每顆睪丸由 600 至 900 條生精小管構成，合起來總長度達 350 公尺。生精小管是精蟲生成的地方，每天製造 1 至 2 千萬隻精原細胞。精蟲由生成到成熟耗時 72 天，成熟後若不排出體外，就自我凋零由身體吸收。精蟲生成需 2 種荷爾蒙刺激：

1. 腦下垂體分泌的濾泡激素（FSH）：青春期後濾泡激素變成非必要，睪固酮濃度才是關鍵。

2. 睪固酮：精子生成活動是極耗能量的，睪丸本身含 5-α-還原酶，可將睪固酮轉變成更強效的雙水睪固酮。檢測睪丸內只測得到雙水

睪固酮，睪固酮濃度幾乎測不到。

不孕症是臨床常見的問題，15% 的結婚夫婦有不孕症困擾，男女方因素各占一半。檢查評估男性不孕症，篩檢睪固酮濃度列為常規，低睪固酮是男性不孕症的主要原因之一。不孕症與低睪固酮關係說明如下：

1. 男性有生育史或精液品質分析正常，此表示內分泌系統與染色體正常，不需要再檢查確認。

2. 精液品質分析結果從無精症到精蟲稀少症有各種異常，這時候的荷爾蒙檢查就非常重要，可幫忙診斷病因（見 Part I 第 5 章），但也可能找不到任何原因。

3. 精液品質無精蟲而內分泌系統與染色體正常，可能是阻塞性無精症。

4. 先天性性腺功能低下症，睪丸功能喪失，某些情況在睪丸仍有機會找到精蟲，借助人工生殖技術或有機會傳宗接代，而缺乏睪固酮只能靠外來補充。

二、避孕方法

> 補充睪固酮抑制精子生成變成可避孕，此抑制效果是可逆的，停藥後可恢復。

精子生成需要睪固酮濃度，低睪固酮影響精子生成，若補充睪固酮讓濃度恢復，可刺激精子生成嗎？答案是否定的。

男性體內的性軸藉著負回饋機制維持睪固酮濃度（Part I 第 3 章），不管體內的睪固酮濃度如何，外來的睪固酮都會抑制性軸的中樞神經，停止分泌性激素。

一項由世界衛生組織主導的研究中，對健康男性每週注射睪固酮 200 mg 達 6 個月，其中有 65% 平均注射 4 個月後變成無精症。停止睪固酮注射後，精液回復到可受孕需 3.7 個月，若回復到注射前水平要 6.7 個月，但有些要長達 2 年。

　　另有 2 項臨床研究注射睪固酮 6 個月，其中之一報告 93~98% 可達避孕水平，但另一報告只有 64~75% 達避孕水平。

　　睪固酮抑制精子生成受其他因素干擾，例如劑型、投予頻率、投予時間，都可能會產生不同結果。

　　上述的結果支持，有生育需求的男性，確實不能接受睪固酮治療，因可能造成無精症，但因為抑制結果並不一致，目前不建議以睪固酮治療作為避孕方法。

Q 放射線照射會影響睪丸功能嗎？

A 睪丸的造精功能對放射線照射非常敏感，睪固酮分泌功能受影響程度較低。

照射量若未達 0.2 格雷（Gy），睪固酮濃度只會暫時下降，仍可恢復正常；若照射量達 8 格雷，精子生成與睪固酮分泌功能將永遠停止。

Q 常洗三溫暖會影響睪丸功能嗎？

A 人類睪丸隱藏在陰囊內，陰囊皮膚薄、散熱容易，比體溫低 1.5~2℃。暴露在高溫環境確實可能不利精子製造，但人體屬恆溫動物，陰囊又具有調節溫度功能，長年在高溫環境下工作或常洗三溫暖是否真會導致不孕症，目前沒有研究報告。

Q 未來想要再生小孩又想接受睪固酮治療，可以嗎？

A 有 3 種作法：

1. 採用非睪固酮製劑，見本書 Part I 第 8 章。
2. 先將精子貯存在精子銀行，以備不時之需。
3. 先進行睪固酮補充治療，未來真正需要生小孩時，再停止治療。

睪固酮治療後想再生小孩，可藉助人工生殖技術嗎？

 睪固酮治療可能產生無精症，建議先進行精液分析，確定有無精蟲。

若想自然懷孕，建議先暫停睪固酮治療，精蟲可望在半年後慢慢恢復，若想加速恢復，可施打人絨毛膜促性腺激素（hCG）。當然也可藉助人工生殖技術，生殖技術有很多種，關鍵在於精子數目及品質。

MEMO

健身者的肌肉催化劑

為迅速達到增肌效果，全球興起濫用超高濃度同化雄激素類固醇的風潮，帶來非常多的副作用。儘管兩者完全不同，民眾還是容易把濫用的負面印象投射到正常的低睪固酮治療。

一、濫用類固醇

部分男性濫用超大量同化雄激素類固醇以及許多藥物，目的為迅速達到增肌效果或者更佳的運動表現成績。

健身愛好者或運動員濫用超大量的同化雄激素類固醇 （Anabolic androgenic steroids, AAS）是一普遍現象，此流行趨勢從 1950 年代舉重選手開始風行。據估計，國際運動比賽選手有 2~7%，及美國大學生與健身者有 7~10%，有濫用習慣。

為求速效，濫用者在短時間內施打超高劑量的類固醇，稱作堆疊（Stacking）投予。將口服與肌肉注射劑量，在 6 至 12 周內提高到平常使用量的 10 至 100 倍，持續 4 至 8 周後，再慢慢減量。

除了濫用類固醇外，還合併使用其他藥物，包括甲狀腺素（降低體脂肪）、利尿劑（減少水分吸收及稀釋類固醇濃度，逃避藥物檢測）、抗雌激素（預防男性女乳症）。約 6 成濫用者每周注射 1000 mg 睪固酮或相當的雄激素，約四分之一同時併用生長激素與胰島素。

醫界都譴責濫用行為，也不願意提供藥品。濫用者的藥品大多來自黑市或網路，由地下工廠製造，品質堪憂，濫用的同化雄激素類固醇也跟醫療用的睪固酮不同。

二、戕害健康

> 濫用類固醇對生殖、行為、精神與性功能都可能產生副作用，尤其濫用者的年紀正值壯年。

美國網路匿名調查過去 5 年內曾濫用同化雄激素類固醇者，共 2,385 位完成調查，年齡分布 18 至 21 歲占 12.9%，22 至 30 歲占 42.9%，31 至 40 歲占 24.5%。

使用目的高達 9 成為增加肌肉，5 成為增加肌力。高達一半的濫用者報告有睪丸萎縮、痤瘡與性行為過度，其中 2% 更有嚴重的心血管意外（見圖 III-1）。

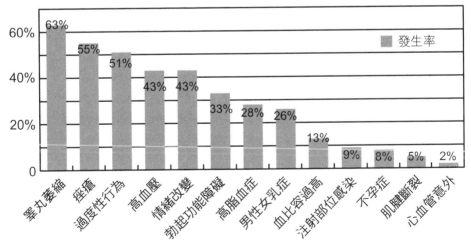

圖 III-1 美國 2,385 位過去 5 年內曾使用同化雄激素類固醇男性報告副作用發生率

資料來源：*American Journal of Men's Health* 2020 Nov Dec; 14(6):1557988320966536

濫用類固醇男性出現一堆典型症狀：體格壯碩，臉上有痤瘡，睪丸質地軟，血睪固酮濃度偏低、高血比容、高密度膽固醇（HDL）嚴重偏低，精液分析呈現無精症。

外來的雄激素類固醇，會抑制睪丸的造精功能，睪丸體積顯著縮小。停止使用後，造精功能需要數個月時間恢復，取決於施打的時間長短。

濫用的類固醇有些可被轉化成雌激素，幾乎都會導致男性女乳症。停用後，男性女乳症未必消失，有些甚至需要切除乳房。

濫用對精神功能與行為造成壞影響，包括抑鬱症、躁狂症、精神病和攻擊行為。相較於去勢的老鼠，被餵食同化雄激素類固醇的老鼠，更容易對無辜的同伴展現出攻擊行為。目前已出現一新興名詞，為「抓狂類固醇或憤怒機器人（Roid rage）」，形容濫用者的脫序行為：不一定受到挑釁下，發生無法控制的攻擊行為。

另可能產生藥品依賴性，一旦停止服用，可能產生精神上與身體上的症狀。有個案報告，長期濫用後突然停止，產生重度憂鬱，出現自殺想法與精神疾病。

美國一項大規模調查長期濫用者的男性性功能，發現使用頻率及劑量愈高者，停藥後發生勃起功能障礙及情慾低落的機會愈高。

濫用同化雄激素類固醇，帶來非常多潛在的風險，關鍵是濫用程度。

三、心血管風險

濫用類固醇給血管健康帶來嚴重影響，心血管疾病風險增加 3 倍。

高達 100% 的類固醇濫用者主觀報告有副作用，有許多無預警的冠

狀動脈疾病及腦血管意外猝死案例，但兩者的因果關係尚待建立。

芬蘭的世界級舉重選手中，懷疑有濫用者的死亡率跟同年齡相比高出 5 倍。文獻回顧結論認定，濫用類固醇的心血管疾病風險比一般增加 3 倍。

兔子長期注射同化雄激素類固醇後，心臟肌肉與血管出現病變。人類使用同化雄激素類固醇，發現凝血因子病變、血比容上升、高血壓及左心室肥厚，而且證實是跟使用同化雄激素類固醇有關。

健美先生在濫用類固醇期間，檢查發現血管內皮受到明顯破壞。儘管停藥 3 個月後，血管病變能回復到正常，但已能證明濫用確實給心血管帶來嚴重影響。此外，濫用者的高密度膽固醇會大幅下降，而低密度膽固醇大幅上升，這兩項變化也都有害心血管健康。

Q 睪固酮與類固醇有甚麼差別？

A 類固醇（Steroids）是一個總稱，有 3 種主要荷爾蒙：

第一類是**同化性雄性類固醇**（Anabolic androgenic steroids），典型代表是本書介紹的睪固酮。

第二類是**糖化皮質類固醇**（Glucocorticosteroids），臨床上常稱的類固醇藥通常指的是此類，代表藥有可體松（Cortisone）和潑尼松龍（Prednisolone），常用於抗發炎與抑制免疫反應。

第三類是**礦物質皮質類固醇**（Minerocortiosteroids），腎上腺皮質分泌的荷爾蒙，幫助人體吸收鈉離子與水分，升高血壓。

第一類睪固酮與第二類皮質類固醇化學結構相似，但臨床用途與功能截然不同。第二類皮質類固醇副作用有體重增加（刺激食慾）、骨質疏鬆、消化道出血，長期使用後若突然中斷，可能引發循環休克。睪固酮可用來改善第二類皮質類固醇的副作用，長期使用後中斷，不會引起循環休克。

Q 健美者為何要施打胰島素？

A 胰島素也是同化荷爾蒙，目前只有注射劑型，用來治療糖尿病，將血中的醣類帶進肝臟、脂肪細胞與骨骼肌肉內貯存。

健美者相信施打胰島素可促進肌肉生長、增加肌力，經常在運動完畢後注射胰島素。若注射過量可能導致血糖過低，引發昏迷休克，潛在的風險極高，必須三思而後行。

Q 體育競賽為何將睪固酮列為禁藥？

A 運動員及教練都知道同化雄激素類固醇可增加肌力，提升運動表現成績。運動比賽講究運動精神與公平競爭，若不列為禁藥，大家競相使用，變成「生化人」，失去運動比賽價值。

　　運動員也可能有不孕症或低睪固酮需要治療，這形成灰色地帶，持醫療證明是否能過關不得而知。

Q 荷爾蒙分成合成與分解兩種類型，其間有甚麼差別？

A 人體代謝分為合成與分解 2 大步驟。

　　合成荷爾蒙是刺激身體生長與重建，由簡單的小分子組成複雜的大分子，例如睪固酮、雌激素或胰島素。分解荷爾蒙是將複雜的大分子分解成小分子，目的是提供能量或供身體進一步吸收利用，例如腎上腺素、升糖素。

Q 健身提倡吃高蛋白粉增肌，低睪固酮患者有必要跟著吃高蛋白粉嗎？

A 合成人體組織需要多種原料，並非供應特別多的蛋白質，身體就會合成相對應的量。這好比一製造工廠，需要數百種原料供應，某種原料增多並不見得就能增加製造量。蛋白質並非優良的熱量來源，因為分解後會產生氮素，而且蛋白質屬鹼性物質，過度攝食可能破壞血液的酸鹼值，增加腎臟排泄負擔。

　　睪固酮治療是長期治療，均衡飲食即可，不建議特別攝食高蛋白。國健署推薦均衡飲食的 3 大營養素比例為碳水化合物 55%、蛋白質 15%、脂質 30%。

不治療代價更昂貴

睪固酮長期醫療費用有限，但可降低心血管、糖尿病及骨鬆症風險，可減少醫療負擔，不治療反要為併發症付出更昂貴代價。

一、花小錢省大錢

低睪固酮牽涉的慢性疾病很多，長期治療因為降低疾病風險獲得的價值，遠高於睪固酮治療費用。

睪固酮用量過去在主要市場都有明顯成長，英國統計從 2000 至 2010 年間，睪固酮處方量成長 90%，英國國健局為此支出成長 267%，主要因為凝膠製劑處方大幅增加。

澳洲市場調查報告，睪固酮處方量從 1991 至 2001 年間逐年成長。若排除通貨膨脹與人口成長因素，從 2000 至 2010 年睪固酮費用成長了 4.5 倍。

睪固酮處方成長，增加國家財政或個人支出，尤其可能要終生治療，需要估算長期醫藥費用負擔。

不治療或中斷治療，可以馬上省錢，但長期來說划算嗎？

省下睪固酮藥費，卻面臨增加併發症風險，因為低睪固酮會增加糖尿病、憂鬱、心血管疾病、骨鬆症骨折發生機率。答案的關鍵在這些併發症的風險有多高，以及照護這些疾病需要付出多少代價。

利用美國保險資料分析發現，每年心血管疾病醫療費用在低睪固酮患者是1,453美元，而睪固酮濃度正常者是767美元，兩者差距將近1倍。

　　瑞典專家發展出疾病對經濟負擔計算模式，睪固酮藥費採計終生治療，在各年齡層因低睪固酮衍生的疾病與死亡率如**圖 III-2** 與**表 III-1**。治療跟不治療的遞增成本效果比值（Incremental cost-effectiveness ratio，一種評估治療花費與治療效益的指標），兩者的品質調整壽命年（Quality-adjusted life year）差距達 19,720 歐元，不接受睪固酮治療將來要付出更高的代價。

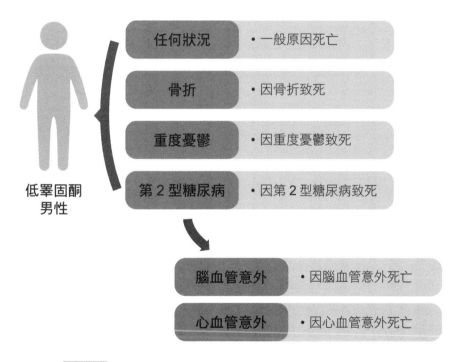

圖 III-2　低睪固酮男性可能出現長期併發症並可能導致死亡

表 III-1 低睪固酮男性在各年齡層可能出現的主要疾病的發生率、盛行率與死亡率

低睪固酮相關 併發症	45 至 54 歲	55 至 64 歲	65 至 74 歲	全部
心血管疾病				
發生率	1.0%	2.1%	3.5%	1.9%
盛行率	9.9%	14.8%	35.7%	16.6%
死亡率	2.4%	3.9%	3.9%	3.9%
糖尿病				
發生率	1.3%	1.3%	1.4%	1.3%
盛行率	11.0%	11.0%	19.1%	12.6%
死亡率	0.4%	1.1%	1.5%	1.0%
骨鬆導致骨折				
發生率	0.4%	1.0%	1.4%	0.8%

此預測模式若套用到美國，因美國疾病照護的負擔比瑞典更昂貴，睪固酮治療的經濟效應將更大。

美國貝勒醫學院（Baylor College of Medicine）也估算低睪固酮的經濟負擔，低睪固酮盛行率以 13.4% 計，估算出全美 45 至 74 歲者在 20 年間，總共新增心血管疾病 130 萬人、糖尿病 110 萬人與骨鬆骨折 60 萬人。至於造成的經濟負擔，第 1 年為 84 億美元，20 年累計將達 1900 至 5250 億美元，這些花費數字跟睪固酮每年藥費相比，後者簡直像滄海一粟。

英國比較低睪固酮患者中，接受睪固酮治療（408,481 位）與不接受治療（913,676 位）10 年間的醫療費用。睪固酮治療費用（藥費、抽血）每年花 687 英磅，可是卻節省了因糖尿病、心血管疾病及骨鬆症而住院

的費用每年 3,732 英磅，其中以心血管疾病支出占最多，占 1,727 英磅。

臺灣健保醫療支出前 10 大疾病皆為慢性病，慢性病醫療費用占整體支出 47.9%，估計只要降低「三高」人口 1%，健保支出每年將減少幾十億元台幣。睪固酮治療可預防中年男性進展成糖尿病與代謝症候群（見 Part III 第 2 章），並降低併發症的發生，對維護男性健康與減少醫療支出有很大幫助。

睪固酮治療花小錢，可省大錢，這概念適用於全球醫療市場。

二、終生治療

> 與其注意睪固酮濃度變化，不如注意腰圍、血糖的變化。睪固酮治療可幫助控制這些指標，假如中斷睪固酮而這些指標猶能維持正常，不妨試試看。

終生都要補充睪固酮嗎？什麼時候可以停止？睪固酮濃度低可以治好嗎？這 3 個都是病患很關心的問題，有些可能還沒開始治療就未雨綢繆。

要回答這 3 個問題很困難，因為低睪固酮跟臨床疾病完全不同。低睪固酮沒有一個明確的指標，唯一較具體的指標是（總）睪固酮濃度。但（總）睪固酮濃度跟真正濃度有差距、測量誤差大。讓睪固酮濃度短暫低於正常或再升高，好像沒差別，因為身體不會立即出現反應或症狀。

若回答說要終生治療，不符合真實狀況。也不能回答治療 1 年或 2 年可中斷，因為沒有任何證據支持這句話的對錯。

這些問題並非無法回答，只是不能直截了當回答是或否，但可從下列的說明得到解答。

1. 睪固酮治療改善症狀，減重與運動也可產生類似效果。就算初期目標達到了，還要維持成果避免復發，而透過睪固酮治療可幫助達成短中長期目標。

2. 睪固酮的效果無法被完全取代，例如改善心血管與代謝異常效果，精神、活力的感覺，還有性功能改善，這些都屬於睪固酮獨有的生理特質。

3. 假如中斷睪固酮，而指標例如血糖與腰圍猶能維持正常，健康活力與生活品質沒有變壞，可不急著恢復治療。

4. 雖然睪固酮濃度會降到治療前水平，睪固酮症狀改善效果可持續至中斷 3 個月後。症狀遲早都會復發，重新治療需要數個月症狀才又會改善。持續治療則不會有症狀復發的困擾。

5. 另一個折衷作法是採間歇治療。一項研究將低睪固酮病患分 3 組治療 5 個月，第 1 組連續注射睪固酮，第 2 組睪固酮與安慰劑交替注射，第 3 組注射安慰劑。結果在改善肌肉脂肪及肌肉力量，第 1 組與第 2 組效果相當，原因可能是持續與間斷刺激蛋白質合成效果相同。

　　簡言之，低睪固酮患者未必終生要套著荷爾蒙的枷鎖，可自行考量個別需求，斟酌中斷治療的後果。不少患者選擇長期治療，因為給全身健康與精神持續帶來好處。

Q 發生率與盛行率有何差別？

A 發生率（Incidence）在流行病學中，指某段時期內新發生某一疾病的人口比例，用來檢定發病風險。

盛行率（Prevalence）是一段時期內，人群罹患某種疾病的比例，新舊病例累積，與患病時間無關。

Q 臺灣健保有給付睪固酮製劑嗎？

A 臺灣市面上的睪固酮製劑有口服、凝膠與注射針劑，其中只有甲基睪固酮錠劑被列為健保給付，其餘都必須自費負擔。

甲基睪固酮口服藥效果很差，且有肝毒性，應該被丟到垃圾桶。

Q 每天抹睪固酮凝膠，可以當作男性保養品嗎？

A 保養品都只作用在表皮，洗掉後表皮馬上恢復原狀。睪固酮是進入血液，讓身體結構發生健康上的變化，跟皮膚保養品是完全不同的。

CHAPTER 6

專家解方破除睪固酮迷思

儘管低睪固酮濃度會影響健康，治療可改善健康，但願意提供治療的醫師以及接受治療的病患還是嚴重不足，原因是大家對於睪固酮有許多牢不可破的迷思。

一、同病相憐

> 對睪固酮的安全抱持疑慮，有相當程度來自女性荷爾蒙，睪固酮導致攝護腺癌，雌激素導致乳癌，同病相憐，從此荷爾蒙治療令大家避之唯恐不及，相信自然（不治療）最好。

攝護腺癌被列為睪固酮禁忌始自 1940 年，此概念一直等到 2006 年的飽和理論提出才被破除，移除此項疑慮後，睪固酮的處方量便開始攀升，然旋即遭受許多批判。

睪固酮治療被認為是多餘的，低睪固酮的症狀是「正常衰老」現象，處方攀升屬於過度治療。把睪固酮治療看成過度治療，忽視了低睪固酮的治療價值。因為擔心會造成攝護腺癌，睪固酮臨床治療被壓抑了數十年之久。治療出現新認可，處方量肯定會增加，解讀成過度治療並不恰當。

對睪固酮的安全抱持疑慮，有相當程度來自女性荷爾蒙，早期臨床試驗報告女性荷爾蒙增加乳癌風險。睪固酮導致攝護腺癌雌激素導致乳癌，兩者同病相憐，從此荷爾蒙治療令大家避之唯恐不及，相信還是「自然（不治療）」最好。

事實上，在研究人數規模更大、追蹤時間更久及研究設計改進取樣後的研究，都支持女性荷爾蒙治療不會增加癌症風險。

例如英國曾發表一項研究，追蹤 46,112 位長期使用避孕藥的婦女達 39 年，另包括 819,175 位曾服用過及 378,006 位未曾服用過的婦女，結果發現避孕藥服用組比從未服用者，各種原因的死亡率降低 12%，在各種原因的癌症發生率或心血管疾病，避孕藥服用組都明顯低於從未服用組。

2021 年發表一篇統合 79 篇臨床研究分析，總共比較 72,030 位乳癌婦女與 123,650 位正常婦女，結果支持服用避孕藥跟乳癌無關，反而發現在第一胎前服用或服用超過 5 年者可降低乳癌風險。

睪固酮的臨床治療效果已被充分證實，長期的安全性也受到肯定，低睪固酮若不治療可能面臨更多的疾病風險，付出更昂貴的代價。美國統計低睪固酮患者就診率只有 10%，高達 9 成病患未曾就診。基於治療可改善症狀、代謝疾病與全身健康，應該大聲疾呼病患接受治療。

有許多醫師對荷爾蒙治療始終抱持戒慎恐懼的態度，寧願置身事外，也不願仔細思考其好處和風險到底為何。一項研究針對 300 位歐洲醫師進行調查，發現其中有 5 成擔心睪固酮不利於攝護腺癌，2 成擔心會增加心血管疾病風險。

二、撥亂反正

> 睪固酮有許許多多的負面印象，事實上實證醫學可證明這些大多缺乏科學根據。

由倫敦國王學院與全球男性老化研究學會共同贊助，於 2016 年邀請全球 18 位專家召開會議討論睪固酮診治概念，尤其是常見的安全疑慮。

會議獲得幾項共識，低睪固酮是全球嚴重的疾病，證據支持睪固酮治療不會增加攝護腺癌或心血管疾病風險，詳細內容見**表 III-3**。

表 III-3 關於低睪固酮與治療的疑慮和專家共識意見

項次	關於低睪固酮與治療的疑慮	專家共識意見
1	低睪固酮是虛構的	錯誤，低睪固酮是一內科疾病，出現在醫學教科書，各醫學會都有臨床診治準則。
2	低睪固酮症狀不值得治療，尤其是情慾與疲勞問題	許多罹患低睪固酮的男性，深受困擾，認為這些症狀相當重要。決定治療與否，應個別考量。
3	睪固酮治療是危險的醫療行為	所有的醫學治療或多或少都帶有風險。睪固酮治療已知的風險包括青春痘（痤瘡）、男性女乳症、周邊水腫、不孕症、睪丸體積縮小及紅血球增生，只要停藥，這些副作用都會消失。目前沒有證據支持睪固酮治療會增加心血管疾病或攝護腺癌風險。
4	睪固酮治療增加靜脈栓塞，例如深部靜脈栓塞或肺栓塞	既有的證據顯示，睪固酮治療不會增加靜脈栓塞風險。

5	睪固酮治療增加心肌梗塞、腦血管意外及死亡風險	二項設計偏差的研究，報告睪固酮治療增加心血管疾病風險，引起媒體高度關注。其中之一統計錯誤，另一研究缺乏對照組比較。更多高品質的研究顯示，低睪固酮增加心血管疾病與動脈粥狀硬化風險，治療可降低心血管疾病風險、改善風險因子。
6	睪固酮治療會促發攝護腺癌或引起惡化	此說法缺乏實證。世代研究資料支持，血中睪固酮濃度跟攝護腺癌無關。跟安慰劑比較，接受睪固酮治療不會升高攝護腺癌風險，低睪固酮濃度反而跟攝護腺癌高度惡化及預後不良有關。
7	睪固酮治療屬於實驗性質	錯誤。睪固酮治療成為男性醫學的標準治療之一已達 70 年之久，無數的研究證實它的臨床治療效果及合理的安全性資料。
8	血中睪固酮濃度減少是一正常老化現象，不需要治療	老化對血中睪固酮濃度影響不大，老化伴隨睪固酮降低通常是因為共病產生，特別是肥胖。許多重要的疾病都跟年齡有關，例如心臟疾病、糖尿病與成年人的癌症，沒有正當理由唯獨排除低睪固酮，因為它也隨年紀而愈加嚴重。

Q 攝護腺癌發生既然跟睪固酮無關,請問有哪些危險因子?

A 攝護腺癌的病因依然不明,已知的幾個危險因子包括:

1. **年齡**:年齡愈高,罹患攝護腺癌的機率就愈高,逾 7 成患者確診時的年齡超過 65 歲,低於 50 歲患者甚少。
2. **種族**:美國黑人每 10 萬人超過 100 人罹患,臺灣每 10 萬人有 30 人罹患,風險遠低於歐美國家。
3. **家族史**:有家族史會增加個人罹患風險,且易在年輕時發病。
4. **飲食**:美國是攝護腺癌高發生率地區,跟高脂飲食有關,尤其是乳酪製品與紅肉消耗量大的地區。

Q 心血管疾病有哪些危險因子?

A 心血管疾病是臺灣第 2 大死因,主要疾病有心肌梗塞、腦血管意外,危險因子包括年齡、糖尿病、代謝症候群、高血壓、高血脂、肥胖、抽菸、家族史與缺乏運動。

這些危險因子跟低睪固酮的危險因子相同,因此睪固酮濃度高低被視為心血管健康指標,低睪固酮增加心血管疾病風險,濃度恢復正常可降低心血管風險。

Part IV

跨性別

兩性的情慾及骨骼都需要雄激素與雌激素共同作用，這種跨性別的性荷爾蒙需求，很像元曲《我儂詞》中所寫的：我泥中有你，你泥中有我。

男性體內的女性荷爾蒙

男性的骨密度與性功能需要雌激素，但不需擔心雌激素濃度過低，只要保持睪固酮濃度正常就好了。

一、雌激素作用

男性體內的雌激素主要來自脂肪細胞轉換，此一機制帶來的優點是男性骨骼比女性強壯，缺點是男性肥胖導致低睪固酮影響健康。

兩性的性腺都能分泌睪固酮與雌激素。男性血液中的雌激素，主要來自脂肪細胞內的芳香化酶（Aromatase）將睪固酮轉換成雌激素，占總量的 80~85%，由睪丸分泌的占總量的 15~20%。

成年男性體內雌激素濃度約為 2~3 ng/dL，遠低於睪固酮濃度，但其對腦下垂體的抑制力遠大於睪固酮，雌激素濃度稍微改變就會對睪固酮濃度造成很大影響。

在年輕男性，睪固酮濃度與雌激素濃度呈正相關。但男性年老睪固酮衰退時，雌激素濃度卻維持不變，可能因為脂肪細胞轉換活動增加，造成雌激素相對變多，老年男性因此容易出現女乳症。

臨床上有將睪固酮與雌激素兩者的比值（Testosterone /Estrogen ratio, T/E ratio）看成一種指標，正常值 1.7 ± 0.12。臨床研究發現，此比值過低者比正常者其心血管疾病及死亡率都明顯增加。另有檢驗此指標跟

男性的勃起功能與情慾的相關性，結果發現無關。

男性體內許多器官有雌激素接受體，包括腦下垂體、睪丸、肝、腎、骨骼、大腦，甚至連攝護腺內也有其芳蹤。雌激素的角色只有在骨骼被積極研究，在其他器官的生理作用仍不明。

雌激素可增加生長激素的釋放幅度，刺激青春期生長。雌激素對骨骼密度非常重要，男性終生都有睪固酮與雌激素，骨骼始終比女性強壯（見 Part II 第 8 章）。

過去相信男性情慾與性活動主要受睪固酮控制，最近研究發現雌激素對於男性性行為也非常重要。小雄老鼠去除雌激素後，對性行為完全失去興趣。先天缺乏芳香化酶的男性，以雌激素治療後，可增加情慾、性幻想頻率、自慰次數以及性交頻率。

二、重點在睪固酮

> 男性服用雌激素會產生許多副作用，因此只用在發生遠處轉移的攝護腺癌。男性想要得到雌激素的好處，只要維持睪固酮濃度就夠了。

因為女性罹患心血管疾病的比例比男性低，半世紀前曾進行臨床試驗，研究服用雌激素與降低男性心臟病之間的關係。將心肌梗塞男性分成雌激素 5 mg 或 2 mg 與安慰劑 3 組，結果試驗提早關閉，因為治療組的深部靜脈栓塞與肺栓塞發生率比安慰劑組增高 2 倍。考慮到安全性，未來再進行試驗的機會極小。

攝護腺癌病患口服高單位雌激素（> 3 mg）會增加心血管意外，低單位雌激素（1~3 mg）則不會，現在已非常少用以雌激素治療攝護腺癌。

一個大型臨床研究報告指出，男性服用雌激素，產生女乳症困擾高達 40~98%，發生率跟服用劑量相關。

　　把婦女的經驗套用在男性身上通常是不恰當的，有 2 個理由：首先，跨性別使用性荷爾蒙，都會產生副作用；其次，雌激素在男性有強力負回饋效果，導致睪固酮濃度明顯降低，影響勃起功能與生殖功能，造成肌肉萎縮。

　　老年男性的雌激素不足，似乎都來自睪固酮不足，只要維持睪固酮濃度，睪固酮與雌激素會自然平衡，不須擔心雌激素濃度不足。

Q 為什麼女性發生心血管疾病的比例比男性低？

A 婦女的心血管疾病經常被低估，只因為發作時間比男性平均晚7 至 10 年。更年期後婦女的重要死因同樣是心血管疾病，風險因子有更年期、糖尿病、高脂血症與肥胖，顯見性荷爾蒙的重要性。近年呼籲婦女正視心血管疾病，盡早採取預防措施。

Q 為什麼雌激素跟血栓形成有關？

A 血栓是在靜脈內的血液凝結成血塊造成血管堵塞，最常見的是下肢深部靜脈栓塞，發生率雖不高但可能致命。

血栓風險因子包括老化、抽菸、長期不動、肥胖與懷孕，不使用避孕藥者其年發生率是萬分之五，服用避孕藥者是萬分之十，服用者的風險增加 1 倍。風險跟雌激素劑量有關，低劑量風險其實很低，可能跟凝血因子與蛋白質表現有關。

女性避孕藥在婦女性健康的角色難以被取代，醫界對於「雌激素會增加血栓風險」持有不同看法。

女性體內的男性荷爾蒙

睪固酮在改善兩性情慾都能發揮作用,也可改善男性肥胖,因為男性肥胖常伴隨低睪固酮,但女性肥胖卻出現睪固酮過高,性荷爾蒙沒有治療效果。

一、婦女性功能障礙

> 自然停經或手術停經後接受睪固酮治療,可改善情慾、性興奮、性滿意、性高潮等。

在青春期前兩性的睪固酮濃度沒有差別,青春期後男性體內的睪固酮濃度大量上升,年輕女性睪固酮濃度約 15~70 ng/dL,大約只有年輕男性的 5~10%。女性體內的睪固酮來自卵巢、腎上腺與脂肪細胞轉換,各占約三分之一。

卵巢在婦女 50 歲左右即停止分泌雌激素與黃體激素,稱更年期(絕經期)。另可能接受雙側卵巢摘除,提早停經,稱手術更年期。更年期後卵巢仍能分泌相當量的睪固酮,濃度約為年輕婦女的一半。

更年期後雌激素與雄激素減少,更容易發生情慾低落、高潮減弱、行房頻率減少等變化(圖 IV-1)。性荷爾蒙在女性年期的治療引起爭議,尤其是睪固酮治療的治療劑量,更是眾說紛紜。

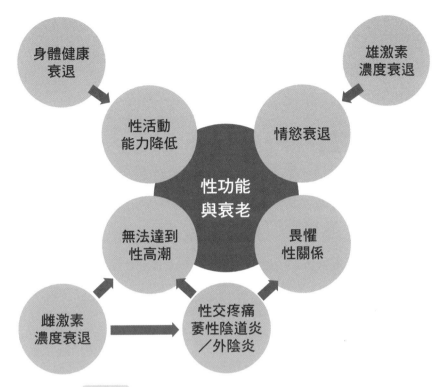

圖 IV-1 雌激素與雄激素濃度衰退影響女性性功能

世界更年期學會、世界性醫學會與世界內分泌學會，於 2019 年共同發表「睪固酮婦女治療共識」，提供非常重要的參考資料：

1. 婦女性功障礙跟血中睪固酮濃度無關，不需抽血檢測。

2. 婦女自然或手術停經，透過睪固酮治療可改善情慾、性興奮、性滿意、性高潮等。

3. 使用睪固酮改善婦女情慾低落，不一定要併用雌激素，停經前與停經後都有效。

4. 睪固酮補充以凝膠為首選，每日不超過 5 mg，血中濃度不要超過正常，不推薦睪固酮注射針劑或服用 DHEA。

5. 治療 6 個月若無改善應中止。

情慾低落症在兩性都是常見的性功能障礙，睪固酮治療也都扮演重要角色，主要差別在女性的情慾低落診斷不需要檢測血中睪固酮濃度（表 IV-1）。

表 IV-1 睪固酮在治療兩性情慾低落症的臨床差異

變項	男性情慾低落症	女性情慾低落症
血中睪固酮濃度	高度相關，需抽血檢查，有效反應率跟缺乏程度無關	與睪固酮濃度無關
排除條件	排除勃起功能障礙引起的情慾低落，但兩者常併存	要跟女性性興奮障礙區分，但兩者常併存
睪固酮劑量	每日 50 mg	沒有標準化，每日不超過 5 mg
雌激素角色	需要雌激素共同作用，不需要特別補充	不一定需要併用雌激素
治療時間	治療 6 個月	治療 6 個月
負向回饋	有	無
副作用	紅血球增生、無精症	青春痘、多毛症

二、肥胖婦女性荷爾蒙異常

肥胖伴隨的代謝異常兩性沒有差異，但在外觀及性荷爾蒙濃度變化方面，兩性卻有截然不同的風貌。

肥胖伴隨的代謝異常在兩性身上沒有差異，糖尿病（胰島素阻抗性）、高脂血症、高血壓、心血管疾病，但在外觀及性荷爾蒙濃度變化方面，兩性卻有截然不同的風貌。

男性肥胖的脂肪容易囤積在腹部，外觀像顆蘋果，皮膚白細，出現男性女乳症，荷爾蒙變化呈現睪固酮濃度過低、雌激素增加（見本書 Part II 第 1 章）。

女性肥胖的脂肪都囤積在臀部與大腿內側，外觀像顆梨子，易出現多毛症、多囊性卵巢症候群（Polycystic ovary syndrome, PCOS）、不孕症、月經不規則。荷爾蒙變化呈現睪固酮濃度過高、雌激素濃度過低。

男女肥胖的臨床表現差異，透露 3 點生理現象：

* 肥胖牽動性荷爾蒙異常。
* 性荷爾蒙不正常帶來代謝異常疾病。
* 睪固酮控制著脂肪細胞的數目與分布，內臟脂肪細胞比皮下脂肪細胞更容易受到睪固酮濃度影響。當睪固酮濃度過高時，脂肪囤積在臀部；當睪固酮濃度過低時，脂肪囤積在腹部內臟。

很有趣的問題，有哪一個兩性都有的疾病，治療卻只獨厚其中之一種性別？

答案是肥胖症。肥胖男性施予睪固酮治療，可獲得實質的體重減輕、腰圍減少、新陳代謝改善的效果。相較之下，矯正性荷爾蒙濃度是否可同樣改善女性肥胖，目前仍不明。這種情況在醫藥史上，可能空前絕後。

Q 女性健身可以補充睪固酮以增加訓練效果嗎？

A 女性使用睪固酮原則上可增強訓練效果，但會產生很多令人討厭的變化，例如聲音變粗、長出鬍鬚、經期改變。睪固酮讓聲帶拉長，屬不可逆變化，即使停用睪固酮，聲音仍無法恢復正常。

Q 睪固酮可刺激女性卵巢排卵？

A 動物與臨床試驗支持，睪固酮可幫助卵巢早期濾泡成熟，成為新興的女性排卵藥物。綜合分析報告指出在開始施打排卵針前使用睪固酮 3 至 4 周，每天投予睪固酮約 12.5 mg，可提高著床與懷孕成功率 17%。

Q 以睪固酮治療女性情慾低落需要檢測睪固酮濃度嗎？

A 診斷女性情慾低落，不需要檢測睪固酮濃度，因為沒有所謂的正常值。但在治療期間，仍有必要追蹤血中總睪固酮濃度，以作為評估治療效果及副作用的參考。

Q 什麼是雄激素不敏感症候群（Androgen insensitivity syndrome）？

A 這是一種性染色體隱性遺傳疾病，由母親傳給兒子，發生率為 10 萬分之 2 至 5。

患者染色體為正常男性 46,XY，只因為雄激素接受體失去功能，血液有過高的睪固酮濃度（因為負回饋）卻不能發生作用，補充睪固酮也沒有作用。生殖器偏向女性或中性人，從小到大以女性角色成長，等到青春期甚至成人，發現無月經才發覺異常。

患者的性別認同從小就是女性，成人後突然被告知，根據染色體「她」的真正性別是男性，患者通常無法接受。

兩性更年期共治

男性低睪固酮有很好的治療模式,但孤掌難鳴;另一半可能也正被婦女更年期困擾,治療同樣可大幅改善症狀,共同對抗更年期,令家庭生活更美滿。

一、屋漏偏逢連夜雨

在同一關係裡長期保持性活躍並不簡單,需要多方條件的配合。

一位 60 歲的先生抱怨他在行房碰到的問題:「我的太太對行房一直沒有什麼興趣,即使勉強答應了,不管我在她身上怎麼做,她始終像個木頭人。她從來不肯碰我的身體,我對她一點辦法也沒有。」

「2 年前,她拿掉子宮以後,睡覺時兩腿總是交叉。我好不容易把她的腿分開,手指伸進去探,發現裡面乾得要命。而且我的手一伸進去,她就喊疼,立刻把我的手推開。」

男性的性功能問題,例如勃起功能障礙與低睪固酮,近來有許多突破性進展,治療可說輕而易舉。正當男人躍躍欲試時,許多婦女卻意興闌珊,不願意配合,原因在於:

- 夫妻關係緊繃
- 婦女對過去的性關係失望
- 對藥物的安全性有疑慮
- 情緒還沒有完全準備好

- 長時間的無性日子，再恢復性行為時，會生疏與害羞
- 前戲時間不足或效果不好
- 婦女在行房時感到不舒服或疼痛
- 情慾低落

　　婦女的年齡與荷爾蒙會影響陰道組織的特質。在更年期後，陰道因血流減少容易纖維化，糖尿病與動脈血管硬化也會影響陰道濕潤度。多產婦與老化，促使骨盆腔肌肉鬆垮，也增加行房阻力。

　　老化是自然現象，發生在每一個人身上，對於如何提高婦女對於性行為的意願，有幾項建議：

- 創造有利於性生活的條件，例如：時間充裕、空間乾淨、溫度適宜。
- 雙方都需要花多一點時間與刺激，才能產生興奮與達到高潮。
- 刺激外陰要輕柔、採間接方式。
- 荷爾蒙治療。
- 使用潤滑劑。

二、魚幫水，水幫魚

把握黃金 10 年，婦女在更年期發生 10 年內接受荷爾蒙治療，愈早治療，效果愈好。

　　男性低睪固酮伴隨性功能障礙，影響行房頻率與滿意度。不管男性有無性功能障礙，都需要另一半的配合，提供性刺激。但同時女性可能也深陷更年期的困擾，女性性功能障礙會影響性反應，降低行房意願。彼此互相影響，形成惡性循環（見圖 IV-2）。

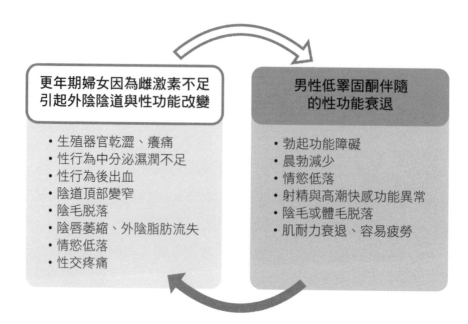

圖 IV-2 男性低睪固酮與伴侶更年期性功能障礙互相影響

　　男性的勃起功能障礙或低睪固酮，都有藥物可治療，婦女更年期同樣也有許多治療方法。女性性功能障礙的成因雖較複雜，但並非沒有解決辦法，例如可調整服用藥物，治療共病或精神疾病。

　　臨床試驗證實，更年期婦女併用雌激素與睪固酮，可明顯提升性行為的頻率和高潮的歡愉感，服用雌激素可激發對性行為的興趣。

　　女性荷爾蒙或潤滑劑治療，可明顯改善陰道濕潤不足而導致性交疼痛的問題。性高潮異常或性交疼痛，有可能是服用藥物或陰道病變所致，矯正病因則可恢復正常。

　　更年期專家建議，婦女更年期在發生 10 年內接受荷爾蒙治療，愈早治療，效果愈好。

　　男女共同面對更年期，魚幫水，水幫魚，家庭生活更美滿。

Q 停經後婦女使用荷爾蒙治療有那些好處與風險？

A 停經婦女都會感受到心血管與生殖泌尿症狀及骨質疏鬆症，症狀可能持續 10 年以上，甚至逐漸惡化。

治療可改善症狀，以雌激素為主，有許多劑型，如口服、貼片、凝膠、陰道乳膏、陰道栓劑、與陰道環。接受荷爾蒙治療風險很小，尤其是較年輕的婦女，現行製劑都不會增加死亡率。

Q 60 歲婦女小便經常不舒服，跟缺荷爾蒙有關嗎？

A 雌激素可維持陰道濕潤具有彈性，停經後的婦女雌素分泌不足導致陰道乾澀緊繃，一半婦女會產生所謂的更年期生殖泌尿道症候群（Genito-urinary syndrome of menopause），症狀包括：
1. 生殖器乾澀、灼熱感與刺激感
2. 行房時陰道濕潤不足與疼痛，有性功能障礙
3. 急尿、解尿疼痛或反覆發生泌尿道感染

治療視個別情況而定，例如陰道乾澀，可使用潤滑劑或含低雌激素劑量的陰道製劑；解尿問題可嘗試骨盆底物理治療。

Q 70 歲男性接受睪固酮治療後感到蠢蠢欲動，又擔心會「馬上風」，如何是好？

A 性行為過程中發生致死性心血管意外，俗稱「馬上風」，最常見原因是急性心肌梗塞。性行為並不危險，只是因為發生時間很特殊，因此被渲染擴大。性行為風險，從 2 個層面考量。

第一，心臟負荷：性行為對心臟產生負荷約等於 3~4 METs（耗氧的代謝當量，Metabolic equivalents of oxygen consumption），跟日常活動力相當，類似在 10 秒內爬 1 層樓的樓梯。假如日常活動超過上述的活動量，進行性行為當然也不需要特別擔心。

第二，時間長短：計算性行為的影響時間，是從開始到結束後的 2 小時內。因為性頻率有限，風險時間占全年時間比率很低，日常還有其他高頻率行為，例如運動、生氣、日常活動，發生心肌梗塞的風險都比性行為高很多。

計算性行為會增加風險，其實只考慮不利因素。經常性行為可看成一種規律運動，運動可改善血液循環，避免費力時心臟病發作。性愛可改善生活品質，讓人快樂，改善憂鬱，可降低心臟病風險。

不需要擔心馬上風而禁慾，從事規律性行為者比無性行為者更健康、活更久，就像經常運動者比不運動者更健康、更長壽。

進行房事該如何選用潤滑液？

A 女性陰道乾澀增加行房疼痛與困難，適度使用潤滑液可立即改善。

潤滑液有 3 種材質，水性、油性與矽膠。選用油性製劑要特別小心，因保險套都含有乳膠，碰到油性潤滑液會造成保險套破損。世界衛生組織建議選用潤滑液時，以不含殺精劑、麻醉劑或其他藥劑成分為佳。

錯置的靈魂

改變身體性別是解決變性慾者困境的方法,補充性荷爾蒙讓身心靈一致,而長期補充荷爾蒙的安全性業已受到肯定。

一、 錯置的靈魂

看不見的靈魂無從改變,從製造衝突看得見的性器官下手改造,是解決變性慾者性別認同異常的最好辦法。

英文字的 Sex 與 Gender 中文都翻成「性別」,很多人認為兩者沒有差別。這兩字的意涵其實不同,Sex 是「身體上的性別」,Gender 是「讓人感覺到的性別特質」,例如陽剛像男或溫柔似女,翻成「性向」較恰當。

大部分人這兩者是一致的,不會有困擾,但有一些人並不一致,產生性別認同異常,最極端的是對與生俱來的性別(Sex)極度討厭,欲除之而後快,稱作變性慾(Transsexualism)。

變性慾的盛行率,國外報告男性(男變女)為三萬分之一,女性(女變男)為十萬分之一,男性遠多於女性。臺灣比較特殊,女變男者遠比男變女者多。

變性慾者對自己的生理性別無法認同,以「錯置的靈魂」來形容很傳神。靈魂看不見,無從改變,改造製造衝突的性器官是最好的解決辦法。變性慾者達到變性有 3 個重要階段:

1. **精神科醫師鑑定診斷**：臺灣內政部規定，申請更改性別需檢附 2 位精神科醫師的鑑定診斷書。精神科醫師鑑定包括精神評估、染色體檢查與性荷爾蒙檢查，診斷須符合原發性變性慾。（註：次發性變性慾者，因為工作或情感挫折，短時間想要變更性別，以逃避外在壓力引起的焦慮。）

2. **荷爾蒙治療**：通常會先接受性荷爾蒙治療 1 至 2 年，適應後才進行變性手術。

3. **變性手術**：摘除原性別器官，重建想要的性器官。

二、男性化特徵

> 補充性荷爾蒙是變性慾者最期待的改變，因為這樣子才夠「味道」，而不是虛有其表而已。

建議患者先過著轉換性別的社交生活 1 至 2 年，接著才開始跨性別性荷爾蒙治療，性荷爾蒙補充原則上是一輩子的事。

由女變男開始嘗試性荷爾蒙者，可先使用睪固酮凝膠劑型（見本書 Part I 第 8 章），因為可調整劑量，避免身體變化過於激烈。等穩定了，繼續使用凝膠或改成長效型注射針劑均可。

睪固酮一經使用，煩惱的月經會馬上停止，身體會長出男性特徵的毛髮，多年以後會變成需要每日刮鬍鬚。約四分之一的人會長青春痘，在治療 6 個月達到高峰，可用局部藥膏治療。

皮下脂肪會減少，身體肌肉增加，變成男性化體態。陰蒂明顯變大，看起來像小陰莖。並非所有接受睪固酮治療者的骨密度都能維持正常，

有必要定期檢查骨密度。

表 IV-2 列出美國內分泌學會，女變男接受睪固酮治療後，身體變化的時間表。至於男變女，則不在本書的討論之列。

表 IV-2 女變男接受睪固酮治療後男性化時間

效果	啟效時間（月）	最大變化時間（年）
油性皮膚／青春痘	1~6	1~2
臉部／軀幹毛髮增長	6~12	4~5
頭髮掉落	6~12	治療跟正常男性相同
肌肉塊頭與肌力增加	6~12	2~5
脂肪重新分布	1~6	2~5
月經停止	2~6	若經血過多，可能需要至婦產科就診
陰蒂變大	3~6	1~2
陰道萎縮	3~6	1~2
聲音變深沉	6~12	1~2

註：此表由美國內分泌學會制訂

三、長期安全性

> 研究證實變性慾者接受荷爾蒙治療是安全的，不會增加癌症或死亡率。

有關性荷爾蒙治療的安全性始終受到高度關注，尤其是變性慾者需要終生補充性荷爾蒙。

2 篇大型的研究都支持跨性別荷爾蒙治療不會增加死亡率。美國追

蹤 2,000 位變性慾者，死亡率跟對照組比較無差別。歐洲醫師長期追蹤 2,236 位男變女與 876 位女變男患者達 20 年，統計死亡率跟對一般族群比較無差別；乳癌發生率每年每 10 萬人分別為 5.9 與 4.1 人，均低於一般族群。

美國波士頓大學醫學院內分泌變性醫學研究小組，統合分析論文共 1,881 篇，肯定變性慾接受荷爾蒙治療不會增加癌症或死亡率。

美國內分泌學會針對「女變男」接受跨性別荷爾蒙補充的追蹤建議：

1. 評估男性化徵候及副作用，第 1 年每 3 個月 1 次，以後每年 1 次。
2. 睪固酮濃度每 3 個月檢測 1 次，直到維持正常男性範圍（350~1000 ng/dL）。
3. 睪固酮治療後，前 6 個月檢測雌激素（E2）濃度，或直到子宮停止出血達 6 個月，雌激素（E2）濃度應低於 50 pg/mL。
4. 睪固酮治療前，檢測全血液細胞數目與肝功能。治療第 1 年每 3 個月檢測 1 次，以後每年 1 次。
5. 定期追蹤體重、血壓、血脂肪、空腹血糖與糖化血色素。
6. 若有骨鬆性骨折危險因子（Part II 第 8 章），建議在睪固酮治療前檢測骨密度當作基準值。屬於低風險與沒有規律接受荷爾蒙治療者，應從 60 歲開始檢測骨密度。
7. 假如陰道未摘除，30 歲開始每年接受子宮頸抹片檢查。
8. 假如乳房未摘除，45 歲開始每 2 年接受乳房攝影檢查。

Q 變性手術怎麼做？

A 變性手術由專業的整形外科或泌尿科醫師執行，分 2 個階段。

第一階段是摘除原有性器官，這是比較容易的。由男變女者摘除陰莖與睪丸，由女變男者摘除卵巢、陰道與乳房。

第二階段為重建手術，由男變女者需要重建陰道、陰唇、陰道與乳房，由女變男者需要重建陰莖、陰囊與尿道，其中以尿道重建最困難，併發症最多。

Q 申請性別更改定要經過變性手術嗎？

A 在臺灣申請更改性別，只要出具 2 位精神科醫師的診斷書即可，不需要有變性手術或荷爾蒙治療史。

Q 變性慾接受睪固酮治療，如何影響聲音？

A 喉頭是發聲構造，生長受性荷爾蒙影響。青春期男孩因為睪固酮濃度增加，刺激聲帶變厚、變長而成熟；聲帶軟骨也會增大影響音調，因為稍微前傾，形成喉結，俗稱「亞當蘋果」。整個變化過程大約在 3 年內完成。

由女變男者都很期待，能擁有典型男聲低沉特色，但偏偏這項效果很難掌握。在開始治療 3 至 6 個月內容易出現音調不夠低、沙啞破裂聲。受限於喉頭，聲帶可能不夠厚，軟骨也不大，外觀很難像男性般明顯。

Part V

優化治療

睪固酮優化治療是維護男性健康的精髓。治療低睪固酮想要獲得滿意的結果，除了需要長時間維持睪固酮在理想濃度，生活型態上更要搭配做到少吃多動的原則，否則睪固酮治療再久恐都不會見效。

優化治療

優化治療是指發揮藥物的最大治療效果，獲得病患最高滿意度，這在治療低睪固酮時特別重要，因為治療指標不管是減脂增肌、代謝疾病改善或是活力精神精進，都跟生活型態有關。

一、成功關鍵

> 使用前的衛教說明至關重要，長期治療才能獲得良好結果。

男性健康與生活品質的好壞脫離不了睪固酮，睪固酮是男性健康的核心。要讓睪固酮治療發揮效果，必須注意幾個條件：

- **血中濃度要達理想範圍**：睪固酮治療不是隨便治療都有效，是要長時間維持睪固酮在理想濃度範圍 450~550 ng/dL，而睪固酮的製劑選擇與投予頻率是維持濃度的關鍵。

- **治療 6 個月以上**：第二關鍵是需要治療 6 個月到 1 年後才評估效果（見圖 V-1）。嘗試治療的適用於所有初次治療者，就是讓身體的睪固酮濃度保持 6 個月到 1 年的正常時間，然後看給自己帶來什麼變化。若有效應繼續治療，治療更久改變更多，若沒有改善，應重新檢視症狀並檢測睪固酮濃度。必要時才服用或期待立竿見影，都是睪固酮治療的嚴重錯誤。

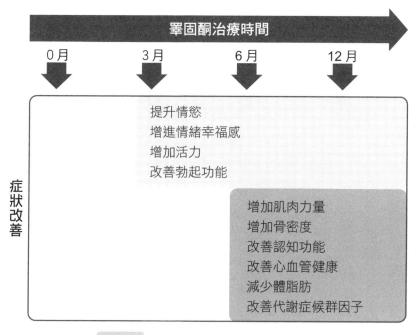

圖 V-1 睪固酮治療預期症狀改善時間

- **修正生活型態**：第三關鍵是需要修正生活型態，這些因素會干擾睪固酮治療效果，因此必須認真看待，可發揮事半功倍效果（**見表 V-1**）。這些因素看似不同，其實大同小異，異曲同工。

- **設定首要目標**：睪固酮牽涉到的生理作用太廣泛，因此應選定一個主要目標，通常是最困擾的症狀，例如想要減重。一切以此為中心，慢慢學習，例如如何分辨食物熱量高低，如何進行運動（見 Part V 第 2 章）。檢視效果的時間設定跟嘗試治療時間相同：6 個月到 1 年時間。

- **破除不切實際期待**：睪固酮不是萬靈丹，不要有不切實際的期待，例如可痊癒或相信只要接受治療，什麼問題都可解決。

表 V-1 優化睪固酮治療需搭配生活型態修正	
治療目的	改善其他因素或合併治療
減重	飲食控制、有氧運動
增肌	無氧運動、蛋白質補充、休息
勃起硬度	併用磷酸二酯酶第五型（PDE5）抑制劑
情慾	健康、降低壓力、環境因素、伴侶因素
精力、活力	運動、降低壓力、充足睡眠、適當休閒
骨密度	抗阻力運動、攝取維生素 D、鈣質
糖尿病、高血壓、高血脂	慢性病治療藥物仍要繼續，睪固酮只是幫助控制

二、定期追蹤

儘管睪固酮治療相當安全，定期追蹤療效與安全性依然非常重要。

治療前應先排除攝護腺癌，治療後的第 3、6 個月要再追蹤肛門指檢與檢測攝護腺特異抗原（PSA）及血比容，以後每年檢查 1 次。

乳癌被列為禁忌症是因為補充睪固酮會增加雌激素，可能影響乳癌治療。

原則上補充睪固酮是相當安全的，副作用不多見，發生率因劑型而異（見表 V-2）。只要避免過量，不需擔心心血管疾病的風險。

表 V-2 補充睪固酮的可能風險

可能風險	評論
心血管疾病	中性或可能有好處
血脂質	治療濃度若在生理範圍內不會影響血脂質
紅血球生成	跟投予方式有關，肌肉注射高達 44% 的發生率，尤其是短效型
體液滯留	很少見
良性攝護腺增生	很少會加劇下泌尿道症狀
攝護腺癌	風險很低或沒有，仍需要長期追蹤
肝毒性	僅限於口服劑型
睡眠呼吸中斷	甚少
皮膚反應	凝膠發生率 5%
粉刺	甚少
不孕症	常見，停藥後可復原

Q 睪固酮治療為什麼要治療 6 個月至 1 年才能評估療效？

A 原因是睪固酮需要跟接受體結合，改變核糖核酸的傳遞與表現。
情慾恢復的時間最快要 3 個月，其他症狀通常需要 6 個月以上，
骨密度改善最慢需要 2 年。

Q 接受睪固酮治療要怎麼評估效果？

A 睪固酮治療可改善體重、腰圍、代謝（血糖、血壓、血脂）、
骨密度、精力與活力。

　　有形的指標改善，須靠體重測量及抽血檢查。無形指標例如
精力與活力，目前無標準化問卷，只能靠自我察覺。因為變化
是漸進的，有時候自己很難察覺，家人或同事反而能看出改變。

Q 睪固酮需要依體重調整劑量嗎？

A 睪固酮劑型投予的劑量與頻率，不需要考慮身體質量指數，而
是在追蹤時評估血中濃度與症狀改善，視情況調整投予劑量與
頻率。

　　臨床試驗將病患分成 < 29.1 kg/m^2、29.1~32.4 kg/m^2 與 > 32.4
kg/m^2 3 組，睪固酮凝膠在 3 組達到理想濃度的比率並無差別。

Q 睪固酮治療發生血比容 > 54%，怎麼處理？

A 睪固酮會刺激紅血球增生，必須定期檢查血比容，數值通常在開始治療 3 至 12 個月間上升。當超過 54% 時，建議：

1. 高風險族群（發生過靜脈血栓症或有家族史）：暫時中斷睪固酮治療，等正常才恢復治療，亦可捐血或抽血。
2. 低風險族群：可繼續治療，但需降低投予劑量或更換劑型，例如由注射改成凝膠，凝膠劑型幾乎不會發生此併發症。

Q 睪固酮治療要追蹤肝腎功能及脂質的變化嗎？

A 不需要追蹤肝腎及脂質功能，除非為了追蹤心血管指標變化或有其他需要。

脂肪與肌肉

飲食增加熱量，運動消耗熱量，想要控制體重就要做到少吃多動。

一、請神容易送神難

> 運動是消化熱量屬於先苦後甘，飲食是增加熱量屬於先甘後苦，想要健康就必須少吃多動。

控制體重已經是全國民眾的共識，只是「請神容易送神難」，吃進來太容易，消耗卻極有限，造成減肥屢試屢敗。

為了應付物質匱乏時代，人體被設計成對吃進肚子裡的食物進行百分百的消化吸收，再將多餘的熱量貯存在脂肪細胞。人體的小腸有 7 公尺長，表面有 50 萬支絨毛，攤開來宛如一個網球場面積，撒下天羅地網捕捉所有養分。而貯存熱量的脂肪細胞，對於送上門的卡路里來者不拒。人類就是做不到：既要大快朵頤，又可健康享瘦。

飲食增加脂肪，統計一頓感恩節大餐，每人吃進 3,000 大卡熱量，如果再加飲料、點心，總熱量增至 4,500 大卡。據國健署統計，以中式酒席來說，每人平均吃進 1,600 大卡以上，牛排西餐達 1,100 大卡以上。

利用運動消耗熱量，以騎腳踏車為例，時速 10 公里時，每小時可消耗 140 大卡，若增加到時速 20 公里，每小時可消耗 300 大卡。以時

速 4 公里慢走，每小時可消耗 122 大卡，以時速 8 公里慢跑，每小時可消耗 287 大卡。伏地挺身每一下可消耗 0.4 大卡的熱量。

陳述這些數字的目的，是為了凸顯一個減肥上的概念：體內的脂肪細胞就像水庫底的淤泥，想要有效減少淤泥，不僅要努力清除，更重要的是防止再大量流進來，而後者的重要性大於前者。

控制體重最重要的認知，計算吃進來的總熱量與運動消耗比例。若兩者相等，只能算達到止穩，體重不再增加。若要達到減脂，必須做到消耗大於吃進的總熱量（見表 V-3）。

表 V-3 飲食（脂肪細胞）及運動（肌肉細胞）生理影響差異

變項	飲食（脂肪細胞）	運動（肌肉細胞）
代價	先享受後痛苦	先痛苦後享受
健康角色	麻煩製造者，愈少愈好	健康的好朋友，多多益善
生理功能	囤積過剩熱量，以備不時之需	滿足身體活動需求，需求愈大肌肉愈肥厚
熱量關係	1 公斤含 7,700 大卡	運動 1 小時約消耗 150 至 250 大卡
密度	密度低，外型鬆垮臃腫	密度高，外型緊密結實
形成速度	較快，數天即形成	較慢，需要數周時間
分類	分成白色（儲存熱量）與棕色（代謝產熱）脂肪細胞	分有氧（減重減脂）與有氧運動（增肌）
身體影響	分泌發炎激素，造成血糖、血壓、血脂升高	增加體力，即便在休息狀態也消耗熱量
性荷爾蒙	脂肪細胞將睪固酮轉化成雌激素，脂肪細胞愈多血中睪固酮濃度愈低	睪固酮刺激肌肉細胞合成，睪固酮濃度愈高肌肉愈大塊
睪固酮效果	抑制脂肪細胞形成與分布，溶解脂肪細胞	增加運動表現，運動與睪固酮對肌肉形成有加乘效果

減肥有多困難？假如體重這幾年內增加了 20 kg，代表熱量囤積了 7,700 大卡 /kg x 20 kg = 154,000 大卡。假如想恢復原狀，每天減 300 大卡，需要連續 500 天：除了每天控制飲食，每天慢跑 2 小時或每天伏地挺身 750 下。

1 碗白飯 280 大卡，代價是 700 下伏地挺身，少吃 1 碗白飯或完成 700 下伏地挺身，哪一個比較容易？

減重就是由多吃少動，轉變成少吃多動。多動消耗的極為有限，關鍵在少吃。減重時，飲食占 7 至 8 成因素，是成敗主要關鍵，而運動占 2 至 3 成因素，必須隨時高度警戒，防止含熱量食物大量進入食道。

減肥不是吃某種藥品或減肥餐就可達成，須長時間的體認與實踐，雖然困難，達成目標者也大有人在。

二、有氧與無氧運動

│ 運動應包含有氧運動與含重力訓練的無氧運動。

運動對健康有許多好處，包括降低心血管意外和死亡、幫助控制血糖、增加胰島素的敏感、降低血壓，亦可降低癌症風險。

美國運動醫學會與心臟學會共同推薦，運動應包含有氧運動與無氧運動（表 V-4）。

表 V-4 美國運動醫學會推薦的運動方法

運動型態	運動時間與強度	運動種類
有氧運動	中度運動＊每天累積至少達 30 分鐘，或重度運動＊每天連續 20 分鐘	任何不會過度加壓骨骼的運動，例如走路
重力訓練（抗阻力運動）	每週至少 2 次，介於中度（5~6）與重度（7~8）＊	漸進式重力訓練（大塊肌肉 8 至 10 個動作）、爬樓梯、伏地挺身、深蹲

註：10 級運動自覺量表：0 級代表無感，1 級非常弱，3 級適度，5 級強，7 級非常強，10 級最大強度

　　慢跑、快走、游泳與踩腳踏車都是相當好的有氧運動形式，有氧運動消化肚子內的脂肪效果最好。

　　舉重（啞鈴訓練）、深蹲、伏地挺身，可增加肌肉體積以及基礎代謝率。這些運動在自家任一角落就可完成，並非一定要去健身房，是最推薦、最簡單的無氧運動。

　　每週運動 3 至 4 次，每次 30 至 60 分鐘，活動強度要達到最大承受的 70~80%。持續運動 6 個月後，就會養成習慣，成為生活中的重要活動。

Q 如何計算每日所需的卡路里？

A 避免肥胖，每日所需的熱量應考慮個人的年齡、活動量與工作，訂定個人需求。輕度工作者如辦公人員每天每公斤 30 大卡；中度工作者如家庭主婦每天每公斤 35 大卡；重度工作者如運動員每天每公斤 40 大卡。

　　體重過重者，每日減少攝食熱量，並盡量增加消耗熱量，才能達到減重效果。

Q 如何看待減肥採「168 間歇斷食」或「52 間歇斷食法」？

A 全球風靡各種間歇斷食，168 間歇斷食以一天 24 小時為單位。在 16 小時不吃有熱量的食物，可喝水、茶、無糖咖啡；在另 8 小時內攝取一天所需熱量，盡可能補充纖維質、蛋白質及健康油脂，不能攝取過多熱量。

　　52 間歇斷食法以週為單位，一週內有兩天需嚴格控制攝取 500 至 600 大卡，其餘 5 天能在不暴飲暴食的前提下自由飲食。間歇斷食限制一段時間不進食，讓身體有一段時間低血糖，促進升糖激素代謝脂肪。

　　減肥成功的關鍵應在飲食的內容，而不是斷食的時間。若在短時間吃進過多的熱量，儘管有一段時間禁食，減重最終還是會失敗。

Q 地中海飲食為什麼比較健康？

A 地中海國家飲食以橄欖油、豆科植物、天然穀物、水果、蔬菜、魚、乳製品、紅酒，與少量肉製品為特色，被推薦為健康飲食，日本料理也被推崇為健康飲食。

中華料理強調色香味，以煎、炒、炸為烹飪方式，加入太多的油鹽，又以米飯麵食為主食，對健康較不利。

Q 運動強度如何分類？

A 評估運動強度有 2 種方法：

1. **運動自覺量表**：運動時自身感覺心跳、呼吸、排汗、肌肉疲勞等，估計運動時的強度，數值由 6（最低）至 20（最高），12~14 為中強度，達最大心跳率的 60~70%。

2. **最大心跳率**：先以 220 減去年齡，所得數的 60~90% 代表最大心跳率範圍，運動時心跳達到此數的 70~80% 之間，屬於理想的激烈程度。例如 50 歲，220 – 50 = 170，102（170×0.6）至 153（170×0.9）為最大心跳率範圍，119（170×0.7）至 136（170×0.8）為理想的運動激烈程度。

3. **最大攝氧量百分比（VO_2max）**：代表身體用氧能力，是最大心跳率、最大心搏量與動靜脈含氧量差三者相乘所得，一般人大多在 30~40 ml/kg/min，頂尖的運動員可達 80 ml/kg/min 以上，測量時需要穿戴式設備。

生活型態修正

修正生活型態,包括減重、改善睡眠品質、減輕壓力可提升睪固酮濃度,顯見睪固酮濃度是整體健康及心血管健康指標。

一、減重可提升睪固酮濃度

> 肥胖、代謝症候群及第 2 型糖尿病的男性進行飲食控制與運動,不僅可讓疾病消失,亦可提升睪固酮濃度至正常水準。若加上睪固酮治療,可收事半功倍之效。

　　肥胖與代謝症候群兩種慢性健康疾病都容易合併低睪固酮,睪固酮濃度跟肥胖與代謝症候群關係密切。

　　一項臨床研究針對 32 位罹患低睪固酮、代謝症候群與第 2 型糖尿病的男性病患,由營養師與復健師指導,進行 52 週的飲食控制與運動,結束後睪固酮濃度由平均 300 ng/dL 上升至 323 ng/dL,有 3 成受試者的代謝症候群消失。

　　一項研究追蹤 2,736 位 40 至 79 歲歐洲中老年男性,發現體重每減少 10%,睪固酮濃度可增加 85 ng/dL。

　　統合分析結果報告,飲食控制可提升睪固酮濃度 10%,減肥手術則可提升達 32%。體重平均每減少 5 公斤,可增加睪固酮濃度 30 ng/dL。

　　肥胖、代謝症候群及第 2 型糖尿病男性,都是低睪固酮的高危險族

群。低睪固酮中屬於這類族群者占85%，睪固酮濃度呈現輕至中度不足，只要透過飲食控制及運動，有機會讓代謝症候群及糖尿病消失，睪固酮濃度也回復正常。

生活型態修正可升高睪固酮濃度，但增加幅度是有限的，無法大幅增加，長期維持戰果也是問題。若合併睪固酮治療，則可提升患者動能、改善新陳代謝，收事半功倍之效。

二、運動無法提升睪固酮濃度

> 運動本身無法增加體內睪固酮濃度，但肥胖者藉運動減少脂肪組織，可提升睪固酮濃度。

肥胖者進行運動可提升睪固酮濃度，那麼正常體重者運動可提升睪固酮嗎？

《運動醫學期刊》（*Medicine & Science in Sports & Exercise*）2008 年刊載美國的一項前瞻性研究，受試者由 102 位 40 至 75 歲白領男士組成，隨機分成運動組與對照組。運動組每天進行 60 分鐘中至強度有氧運動，每週 6 天以上，對照組每日活動量維持不變，2 組的飲食習慣亦維持不變。結果 1 年後，2 組的睪固酮濃度並無明顯差異。

《男性學期刊》（*Andrology*）2016 年刊載一項研究分析，調查 738 位美國男性，每週運動量分高（> 1555 METs）、中（500-1554 METs）與低（< 500 METs）3 個等級，而體重分肥胖（BMI ≥30 kg/m^2）與非肥胖（BMI < 30 kg/m^2）2 組，分析低睪固酮跟週運動量之間的關係。結果發現，在非肥胖組中運動量高低跟血中睪固酮無關；但在肥胖組中，高

運動量者得到低睪固酮的風險，比其他運動量者減少 62%。

　　從生理觀點解讀，睪固酮分泌本來就不會受運動或外在需求而影響。運動頂多讓睪固酮濃度短暫上升，1 至 2 小時後濃度又回復平時水準。肥胖者運動藉減少脂肪而提升睪固酮濃度（降低被雄激素抑制分泌與減少被芳香化酶轉換），這效果也可透過飲食控制或減重手術達成，體重正常者運動沒有提升睪固酮濃度效果。

　　各種運動對健康都有好處，這點無庸置疑，研究運動能否提升睪固酮濃度純粹是學術興趣，用以了解運動的生理效果。

三、生活型態修正

保持健康生活型態、改善睡眠品質、降低壓力可提升睪固酮濃度，有助男性健康。

1. 健康的生活型態

　　低睪固酮攸關男性許多健康問題，尤其是老年人常見的肌少症及骨鬆症，增加跌倒機會。睪固酮治療可改善低睪固酮，但有些人可能無法接受治療，是否可由生活行為來提升睪固酮，改進中老年的男性健康。

　　澳洲調查年齡超過上 3,500 位 65 歲以老年男性，以 8 項健康生活行為為指標（表 V-5），發現健康生活行為愈多者，血中睪固酮濃度愈高，而且跟年齡及共病無關。證明健康的生活行為，跟血中睪固酮濃度有關，也因此可改善老年的男性健康，尤其是預防跌倒。

項次	健康生活型態
	表 V-5 健康生活型態
1	從未抽菸或已戒 > 1 年
2	每週運動 ≥ 3 小時
3	每日 < 6 份酒，每週 ≤ 28 份酒 *
4	每週吃魚 ≥3 次
5	每週吃肉 < 6 次
6	從未或很少在食物加鹽
7	身體質量指數（BMI ）< 25 kg/m^2
8	總是選用脫脂或半脂牛奶

*1 份酒含 10 克酒精，1 瓶 3.5% 罐裝啤酒或 100 cc 濃度 9.5~13.5% 的紅白酒

　　上述的研究是以 65 歲以上的男性為對象，因為老年男性的睪固酮衰退嚴重，影響健康甚鉅。健康的生活行為涵蓋運動、健康食物選擇與避免體重過重，這幾個概念應可運用到所有成年男性。

2. 改善睡眠品質

　　睪固酮的分泌都在睡覺時，睡眠品質不良者，容易罹患低睪固酮。睡眠呼吸中止症患者，因為夜間缺氧與黃體激素分泌強度減弱（本書 Part II 第 7 章），容易罹患低睪固酮。

　　追蹤 12 位因為睡眠呼吸中止症接受口腔矯正手術者，發現其睪固酮濃度術後 3 個月增加 95 ng/dL。但 2 項以持續呼吸正壓治療的研究卻發現，睪固酮濃度在治療後沒有改變。睡眠時間長短跟睪固酮濃度有關，

睡覺時間限制每晚 5 小時，睪固酮濃度下降 10~15%。

　　因此，改善睡眠品質與時間，提供另一種非睪固酮的治療方法。低睪固酮合併睡眠呼吸中止症患者，若能改善睡眠品質，可提升睪固酮濃度。睡眠習慣不良者，重新調整就寢時間、延長睡眠時間，亦可改善睪固酮濃度。

3. 降低壓力

　　先前的研究發現，體內的皮質酮濃度與睪固酮濃度呈現負相關，原因可能是皮質酮抑制睪丸萊狄氏細胞，控制壓力也變成可提升睪固酮的方式。

　　一項大型的美國研究，調查 1,000 位勃起功能障礙的男性，發現高血壓、抽菸、睡眠呼吸中止症及工作壓力與睪固酮濃度有相關性。研究團隊發現，高工作壓力男性高達半數有低睪固酮，所謂高工作壓力者，包括每週工作超過 50 至 60 小時、身兼數職、長時間通勤，以及須經常面對截止日期或業績達成目標。

　　鼓勵降低壓力，平衡工作與休閒時間分配，可提升睪固酮濃度，至少對健康有好處。

Q 馬拉松選手為何容易罹患低睪固酮？

A 愈來愈多證據顯示，長期接受耐力訓練的男性運動員，面臨低睪固酮與不孕症風險。

一項前瞻性研究，比較馬拉松運動員與久坐型態男性，發現前者的血中睪固酮濃度比後者低。長期訓練的馬拉松運動員容易發生所謂的「運動男低雄激素狀態（Exercise-hypogonadal male condition）」，輕度或中度耐力訓練的男性則不會發生。目前無法證明，這究竟是身體的保護機制，還是過度運動產生的傷害。

Q 何謂功能性性腺低下症（**Functional hypogonadism**）？

A 8 成低睪固酮患者有肥胖與代謝症候群，只要修正生活型態減肥，可回復血中睪固酮濃度至正常，稱作功能性性腺低下症，用以強調修正生活型態重要性。

另有 2 成患者的性軸功能無法復原，低睪固酮不可逆，需終生補充睪固酮，稱作器質性性腺低下症（Organic hypogonadism）。

Q 肥胖男性接受減重手術可提升睪固酮濃度嗎？

A 肥胖接受減重手術者近幾年大幅增加，適應症為身體質量指數（BMI）≥ 40 kg/m² 者，若有肥胖合併症者放寬到 35~40 kg/m²，若有第 2 型糖尿病者在 30~35 kg/m² 就應考慮手術。

減重手術可大幅改善兩性肥胖合併的性荷爾蒙失調。泰國發表一項研究發現，嚴重肥胖男性術前 75.9%（22/29）有低睪固酮，減重手術後全恢復正常。減重手術讓雌激素平均降低 20 pmol/L，幫助提升睪固酮濃度。

第 2 型糖尿病患接受減重手術後，睪固酮回復正常比率達 34~85%，效果不光是體重減少可解釋，減重手術亦可稱為改善代謝手術。

Q 喝酒抽菸會影響睪固酮濃度嗎？

A 酒精可造成肝病影響睪丸功能，也會直接破壞睪丸。酒精會抑制睪丸及腦下垂體，造成睪固酮濃度短暫下降。長期喝酒者容易合併低睪固酮，因為周邊轉化睪固酮成雌激素的活動增強，同時睪丸及腦下垂體功能受到長期抑制。

儘管動物實驗發現尼古丁會抑制萊狄氏細胞分泌睪固酮，但匯整分析 22 項臨床研究證實，抽菸者的睪固酮濃度比不抽菸者高，或許是因為尼古丁抑制睪固酮分解。

Q 日本相撲選手都屬嚴重肥胖型，很不健康？

A 不對，他們身體檢查都很健康。相撲選手為了比賽接受特殊飲食與訓練，外型雖然都超胖，但體脂肪都在正常範圍或更低，皮下都是肌肉，無法用身體質量指數 (BMI) 來衡量。他們的問題是，當自比賽訓練退出後，飲食習慣必須跟著改變，否則很快就形成真的嚴重肥胖，影響健康。

食療

許多人相信天然最好，但科學檢驗天然食物無法提升睪固酮濃度。

一、食療

| 許多食物宣稱具有壯陽效果，恐怕都屬過度渲染。

　　睪固酮治療增加經濟負擔且讓人擔心副作用，食物療法是否有效，是相當吸引人的議題。

　　坊間廣告言之鑿鑿指稱，某些植物可增加男性荷爾蒙，例如洋蔥、生薑、馬卡（Maca root，又稱印加蘿蔔）、葫蘆巴籽（Fenugreek，又稱雲香草、苦草、香豆子等）、蒺藜（Tribulus terrestris）、寬筋藤（Tinospora sinensis）與茴香花（Black seeds，又稱黑種草）等。

　　洋蔥相傳可刺激黃體激素分泌，與生薑同被認為可降低睪丸內的活性氧物種（Reactive oxygen species），相信可增加睪固酮濃度，但資料全來自動物實驗，沒有人體試驗資料。

　　葫蘆巴籽萃取物（英文 Testofen）具有抗發炎效果，澳洲團隊將健康男性隨機分組接受該成分 600 mg 或安慰劑 6 週，結果治療組報告情慾增加。

　　澳洲團隊再將健康男性隨機分組接受治療 600 mg 或安慰劑 12 週，

發現治療組的睪固酮濃度有升高，性功能有明顯增進，精蟲品質有進步。

　　曾有研究指出，缺乏鋅導致精子生成及睪固酮分泌能力減少。統合分析鋅治療低睪固酮研究，每日服用硫酸鋅 220 mg（等於鋅 50 mg）2 次，治療 1 至 4 個月，血中睪固酮濃度沒有變化。

　　整體而言，實證醫學很難支持服用天然植物能提升睪固酮濃度。

二、植物雌激素

> 植物雌激素含有微弱的雌激素作用，大量食用是否會影響睪固酮濃度猶需證實。

　　植物雌激素存在許多食物中，結構類似人體內的雌激素，也可以跟雌激素接受體結合。植物雌激素可分 3 大類：

1. 異黃酮（Isoflavones）：存於黃豆、豆漿、豆腐、豆腐皮等豆類製品，和扁豆、四季豆、花生、以及甜薯、紅蘿蔔、蒜和綠豆等紅苜蓿中。
2. 木酚素類（Lignans）：穀物（如燕麥、裸麥）、水果（棗子、蘋果、梨、木瓜），和蔬菜（洋蔥）。
3. 香豆雌酚類（Coumestans）：亞麻籽等種皮、高纖維穀類的糠皮和蔬菜類如胡蘿蔔、菠菜、球花甘藍和綠花椰菜。

　　全球異黃酮的攝食量以大陸與日本最高，平均每人每日攝食 15~50 mg，西方國家平均每日只有 2 mg。

　　一項研究隨機取樣 69 位日本成年男性，發現豆類攝食量愈高者，體內的雄激素與雌激素愈低。另一項研究取樣 28 位日本健康成年男性，

每日服用異黃酮 60 mg 時間達 3 個月，發現總睪固酮及雌激素濃度都沒有改變。

動物實驗中證明異黃酮可以抑制乳癌、肝癌、大腸癌、皮膚癌、攝護腺癌、胃癌和膀胱癌等，改善婦女更年期症狀，和預防婦女心血管及骨骼健康。

植物雌激素的研究結果不一致，可能因為攝取量、種族、荷爾蒙，以及健康狀態不同所導致。

想藉豆製品改善內分泌恐是太樂觀了。異黃酮的生物強度只有雌激素的 0.2%，1 斤黃豆含多少異黃酮目前不知，但可想而知必須服用相當大量的黃豆，才能有足夠的異黃酮產生雌激素的效果，誰有辦法連續大量吃黃豆 1 個月？不說會造成營養不均衡，捨本逐末賣力追求雌激素的效果，為何不直接服用雌激素就好？

Q 喝咖啡會影響睪固酮濃度嗎？

A 動物實驗發現，投予咖啡 30 天，血中睪固酮顯著上升，而腦下垂體性腺刺激荷爾蒙顯著降低。

一項大型臨床研究調查 2,500 位男性，比較喝咖啡與不喝咖啡者的性荷爾蒙濃度，結果發現並無差異。

Q 坊間流傳很多運動及食補可提升性能力，可信嗎？

A 民間流傳很多運動及食補可提升性能力或宣稱對任何毛病都有效，有過度渲染之嫌。

男性性功能分成情慾、勃起、射精、高潮與生殖，發生障礙有個別原因及治療方法。評估藥效，應包括服用者的基本資料、多少人使用、服用多久、短期與長期效果如何，治療的結果必須是「可複製的」。

均衡的運動對身體有益，若只著重某部位，反而容易造成傷害。

Q 生猛海鮮能提升睪固酮嗎？

A 為了壯陽而狂吃生猛海鮮，讓胃腸吸收大量的膽固醇，不僅不會增強性能力，反而容易阻塞供應生殖器的血管。不過如果換個角度將海鮮視為美食佳餚，吃得高興，心情愉悅，說不定對晚上辦事比較有幫助。

Q 春藥是真或假？

A 春藥的力量存乎一心，倘若你深信不疑，它或許就能發揮作用。

坊間至少有 9 百種被認為可增加情慾的東西（俗稱春藥），不勝枚舉，可做為人類容易上當的證言。

相信春藥魔力的念頭，可能來自「吃什麼補什麼」的一廂情願幻想。吃了類似人體器官的食物，就相信會增加情慾，生蠔、犀牛角、羊睪丸，還有許多飛禽走獸因此成為餐桌上的祭品。

Q 多吃黃豆製品會影響睪固酮濃度嗎？

A 大豆、毛豆或黃豆富含蛋白質，東方人特別喜歡黃豆製品例如豆腐、味噌、豆漿，素食者更是以此為蛋白質主要來源。

大豆所含的異黃酮（Isoflavones）是自然界的植物雌性素，多吃是否會影響男性體內的睪固酮濃度？2010 年一項綜合分析過去發表的 32 篇研究，作者總結認為攝食大豆或補充異黃酮等，不會影響血中性荷爾蒙濃度。

Q 塑化劑會影響睪固酮濃度嗎？

A 塑化劑種類多達百餘項，使用最多的是鄰苯二甲酸酯類 (Phthalates) 化合物，許多塑膠製品、日常清潔用品與藥品外膜都含有塑化劑。塑化劑具雌性荷爾蒙的作用，經呼吸、攝食及皮膚吸收進入人體，長期大量接觸，可干擾人體性腺功能，造成性荷爾蒙低下症、性功能障礙，以及孩童生長發育問題。

美國一項大型研究針對高達 1 萬名受試者，檢測尿中塑化劑代謝物與血中睪固酮濃度相關性，發現塑化劑暴露愈多者，血中睪固酮濃度愈低，其中尤以 40 至 60 歲中年男女與 6 至 12 歲男孩相關性最強。

臺灣衛福部提出「5 少 5 多」減塑撇步，「5 少」是指少塑膠、少香味、少加工食品、少吃不必要的保健食品或藥品、少吃動物脂肪 / 油脂類 / 內臟；「5 多」則是指多洗手、多蔬果、多喝水、多運動、多讓寶寶喝母乳。

CHAPTER 5

防患未然 中年決勝

肌少症與衰老症都是高齡化社會的嚴重問題，不管是靠內源產生、外來補充或生活型態修正，應盡量維持睪固酮濃度正常。

一、肌少症

改善肌少症方法不外乎飲食、運動與補充睪固酮，若想達到最佳效果，應在肌肉萎縮前或在疾病初期積極介入。

人體骨骼肌負有運動與儲存蛋白質功能，必要時骨骼肌的蛋白質可被轉為熱量來源，但代價是肌肉萎縮。男性的骨骼肌體積在 25 至 30 歲達到高峰，爾後肌力以每年 1.5~3.0% 幅度衰退，在 50 歲後衰退幅度進一步擴大。骨骼肌衰退不僅是量（體積）的變化，還有質（功能）上的變化，骨骼肌的衰退增加跌倒骨折機會。

肌少症（Sarcopenia）為臨床出現肌肉體積嚴重減少而脂肪體積增加，診斷條件為行走速度每秒 < 1 公尺、手握力量 < 26 公斤及測量肌肉體積 $< 7.0 \ kg/m^2$。

肌少症的形成原因，包括肌肉的粒線體（人體製造能量的發電器）失調、低睪固酮、缺乏運動、營養不良。後果可想而知，抵抗力弱、行動力差、易跌倒、死亡率增加（**見圖 V-2**）。

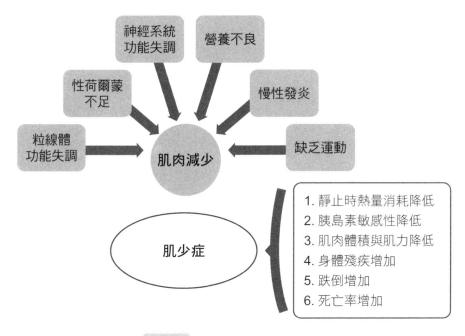

圖 V-2 肌少症形成原因及後果

　　想改善維持肌肉的體積和功能，首推蛋白質攝食與運動。建議多攝食肉、魚、蛋、豆及奶類。運動能改善肌少症，尤其是阻抗型運動，運動與睪固酮能刺激肌肉合成及增進食慾。

　　癥結是知易行難，冰凍三尺非一日之寒，肌少症病患長期營養失調、運動能力低落，輕鬆的日常活動對患者而言，早已演變成舉步維艱，心有餘而力不足。此時施予任何積極治療，包括睪固酮治療，企圖力挽狂瀾，扶大廈之將傾，效果頂多是聊勝於無。

　　若想達到最佳效果，預防勝於治療，應在演變成肌肉萎縮前或在疾病初期介入。

二、衰弱症

> 衰弱症是一臨床表徵，影響老年人日常活動功能和認知功能，增加跌倒、住院率和死亡率，造成原因跟低睪固酮高度相關。

衰弱症（Frailty）是一臨床表徵，代表患者處在失衡狀態，衰弱症增加跌倒、住院率和死亡率，嚴重威脅患者的生活功能和生活品質。患有衰弱症的民眾，常見於心血管疾病、糖尿病、關節炎、骨質疏鬆症和癌症慢性病患者。

有衰弱量表可評估衰弱程度：

1.1 年內體重減輕超過 5 公斤

2.1 週超過 3 天覺得疲倦沒力

3.男性手握力低於 26 公斤

4.走路速度每秒低於 0.8 公尺

5.男性每週身體活動低於 383 大卡

健康者應為 0，衰弱前期符合 1 或 2 項，衰弱症需符合其中任 3 項。追蹤 5,000 名 65 歲以上老人，衰弱症與衰弱前期者跟健康者比較，7 年死亡的風險分別達到 4.46 倍與 2.01 倍。

美國加州對 440 位洗腎男性病患（平均年齡 57 歲），發現睪固酮濃度低於平均組比濃度高於平均組，得到衰弱症風險增加 1.47 倍，得到肌少症增加 1.72 倍，符合衰弱症條件主要因為手握力及走路速度項目造成。研究團隊認為，睪固酮治療預防衰弱症是可行的，因為睪固酮跟這些功能高度關聯，但需臨床試驗證實。

三、中年決勝

> 衰弱症或肌少症都表示身體狀況惡化到相當程度，唯有趁早辨識衰弱
> 症的表徵，提早介入才有機會回復功能，而檢測睪固酮濃度可扮演此
> 角色。

老化跟衰弱未必相等，不是每個老人都會罹患衰弱症，衰弱症的病人也有回復的機會。老化和慢性疾病是造成衰弱症的主要原因，其他因素例如營養失調、活動度不足等，也都有影響。這些問題都會造成身體功能下降，彼此影響造成惡性循環。

老年人面臨肌少症、衰老症或低創傷性骨折風險，這些狀況一旦發生勢必付出昂貴的代價，包括增加醫療及人力照護負擔、多次住院、與高死亡率。

想要力挽狂瀾，不二法門是積極治療慢性病，攝取充足營養，及運動。但這些表徵都是冰山一角，且都是進展性的，唯有在早期辨識衰弱症的表徵，提早介入，避免後續惡化，可收事半功倍之效。

關鍵是維持骨骼與肌肉健康！這對組合在老年以前從來不是問題，但老了卻全都是問題，扮演決定「健康老化」的關鍵角色，重要性並不亞於心臟。轉捩點在中年，體力與睪固酮由盛轉衰時，你有多少關愛眼神在此？你替即將到來的老年生活，攢存了多少本錢？

維持骨骼需要雄激素與雌激素，男性體內的雌激素來自睪固酮的轉換，注意睪固酮濃度即可（圖 V-3）。

骨骼肌肉的體積與力量，在運動與平衡的重要性不亞於骨骼，而睪固酮的看家本領就是促進肌肉形成產生力量。只要它正常，不必擔心骨骼肌肉體積與力量上的問題（圖 V-3）。

要避免老年陷入肌少症、衰弱症，就要防患未然。中年是轉捩點，是決勝時期，提早治療並修正生活型態。維持睪固酮濃度終生都非常重要，不僅代表心血管健康指標，也是骨骼肌肉健康指標。

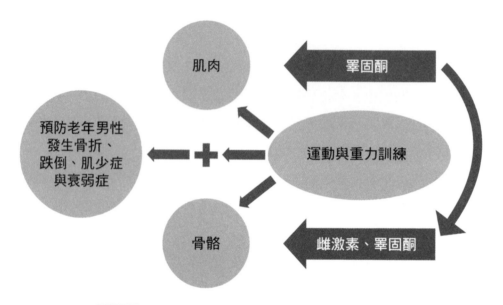

圖 V-3 睪固酮在維持男性骨骼肌肉健康扮演關鍵角色

Q 感染人類免疫缺乏病毒（**HIV**），睪固酮治療有幫助嗎？

A 由感染人類免疫缺乏病毒（Human immuno-deficiency virus, HIV）進展成末期愛滋病（Acquired immuno-deficiency syndrome, AIDS）平均需要 10 至 15 年。近來因為藥物控制得宜，進展成愛滋病的機會愈來愈少。

　　人類免疫缺乏病毒患者一半有低睪固酮，隨感染時間愈長，比率愈高，原因包括營養不良、病毒本身、伺機感染、發炎因子與抗病毒藥物。患者可能出現特殊的脂肪營養不良（Lipodystrophy）現象，脂肪集中在腹部、頸部後側肩膀之間（駱駝峰）與胸部，而四肢、臉部與臀部的脂肪卻減少，原因是病毒感染、治療藥物的併發症以及睪固酮濃度缺乏。

　　以睪固酮治療人類免疫缺乏病毒感染患者，可明顯改善肌肉流失、精神狀態、貧血、性功能與生活品質。至於是否可改善脂肪營養不良現象，文獻沒有報告。

Q 癌症跟低睪固酮有關係嗎？

A 罹患癌症影響全身健康狀態，可以預期跟低睪固酮相關。研究指出男性癌症病患中高達 40~90% 有低睪固酮症，遠高於一般族群的 20% 盛行率。癌症病患若有惡體質（定義是半年體重減少 5%），合併低睪固酮的比率增高。

美國德州癌症中心研究發現，癌症病患中有低睪固酮者的存活期，比睪固酮濃度正常者較短。

原因目前指向跟癌症有關的發炎因子，例如白細胞介素 -6 和瘦素，直接抑制睪丸分泌睪固酮。癌症病患若使用瑪啡類的成癮性止痛藥或接受化學治療，也會造成低睪固酮，前者抑制腦下垂體功能，後者影響睪丸萊狄氏細胞功能。

英國癌症治療團隊發表一項研究，測試對象為癌症合併低睪固酮的年輕（25 至 50 歲）患者共 136 位，受試者隨機分成接受睪固酮或安慰劑治療 26 週，結果發現睪固酮治療組比安慰劑組的肌肉體積增加 1.5 公斤、脂肪組織減少 1.8 公斤，大幅改善癌症患者的健康狀態。

Q 最近將接受膝關節置換手術，睪固酮治療要繼續還是暫停？

A 這是臨床常碰到的狀況，長期接受睪固酮治療的病患，要接受膝關節或其他大手術。由於手術後會有一段不方便活動的時間，為避免肌肉與肌力流失，應繼續睪固酮治療。

維持睪固酮正常可加速術後復原，亦可降低手術併發症，減少醫療費用。美國利用國家疾病資料庫，從 2007 至 2017 年共 8 百萬筆資料庫中搜尋出 1,681 位低睪固酮接受人工膝關節置換手術者，與 6,712 位對照組比較（年齡與共病相同，睪固酮濃度正常，接受相同手術），結果發現低睪固酮組的 90 天內產生併發症率（9.45% vs. 4.67%）與 2 年需再修正手術率（3.99% vs. 2.80%）都高於對照組。

這研究也說明，治療低睪固酮可能要多花錢，但因而降低許多未知的風險災難，花錢是值得的。

提高就醫比率

低睪固酮影響男性健康甚鉅，可惜面臨低治療率的困境，提升就醫率可從民眾與醫師再教育著手，出版書籍提供完整概念、解答臨床疑惑，也是相當重要的。

一、低治療率

低睪固酮治療可幫助減重、降低併發症，可惜治療率偏低，令許多男性錯失增進健康機會。

低睪固酮是常見的疾病，低睪固酮會增加代謝症候群、糖尿病、高血壓、高血脂、肥胖與心血管疾病。

臺灣健保局每年為這些慢性病支出百億醫藥費，降低慢性病不僅節省財政支出，更是增進民眾健康、延長壽命的不二法門。運動與減重可改善慢性病，治療低睪固酮可幫助減重、降低併發症，可說是成功的推手。

臺灣低睪固酮總人數預估達 140 萬人（Part I 第 6 章），然而被診斷人數估計不到 5%，相當多的男性錯失增進健康良機。低就診率可歸因於下列 4 項因素：

1. 民眾對低睪固酮認知不足。
2. 對於睪固酮診治的資訊不足。
3. 睪固酮治療的迷思與畏懼副作用。
4. 臨床醫師對低睪固酮治療沒有興趣或沒有信心。

二、再教育

> 為提升就醫治療比率，應多舉辦民眾衛教活動，持續醫師教育課程，並需要出版書籍提供最新完整概念。

改善低睪固酮病患低就醫率，可從「病患教育」與「醫師教育」兩方面著手（圖 V-4）。由學會、醫院與醫師舉辦民眾衛教活動，宣導疾病概念，破除安全疑慮。

圖 V-4 提升病患就醫治療比率應從醫師與病患教育著手

伴侶的支持與鼓勵常是病患就醫的最大動力，也是發揮療效及長期治療的關鍵。低睪固酮雖然是男性獨有的疾病，但需要兩性共同關心。

睪固酮的概念近十年才有突破性發展，醫學院的教育課程可能沒有提及或趕不上最新概念，重要性很容易被醫師忽略。

醫師應該準備好，因為病患可能會詢問自身關心的問題，例如肥胖、性功能障礙或男性荷爾蒙問題。

糖尿病、肥胖、性功能障礙都是門診常見的疾病，也是低睪固酮的高風險族群。病患可能深受困擾，但不知如何開口，也可能擔心安全性而不敢開口。醫師應該積極主動篩檢，而這也正符合全人醫療的精神。

　　唯有透過醫師再教育課程，鼓勵醫師積極篩檢低睪固酮，提供有效、優質的治療給病患，提升治療滿意度高，病患接受長期治療的意願才會提升（圖 V-4）。

　　睪固酮牽涉的疾病複雜，出版專書提供完整最新的知識概念，解答常碰到的疑惑，對於臨床診治應該幫助極大，也是現階段非常需要的。

Q 自我察覺低睪固酮症狀有哪些？

A 疾病之所以會被診斷出來依靠 2 個來源，一是病患自我察覺症狀後告訴醫師，另一是靠醫師主動篩檢。

因為目前只針對有症狀者檢測睪固酮，男性如何自我察覺症狀，或者由女性伴侶從旁觀察到異狀，都是診斷的關鍵。低睪固酮相關的症狀或疾病可分 3 個主要類別：

1. **性功能障礙**：勃起功能障礙、情慾低落、晨勃減少，若 3 個症狀都有，陽性診斷率很高。
2. **實質疾病**：肥胖、第 2 型糖尿病、骨鬆症。
3. **身體精神症狀**：疲勞、精神不振、睡眠品質不好。

Q 「全人醫療」在低睪固酮治療有什麼意義？

A 全人醫療重視以病患為中心，病患有選擇，需被尊重且可表達需求。

全身系統幾乎都跟低睪固酮相關，需要長期追蹤治療，搭配生活型態修正，伴侶支持，可預防進展成慢性病，這些都符合全人醫療的照護模式。

MEMO

MEMO

Dr. Me 健康系列 185

男人 40⁺ 決勝關鍵睪固酮：增肌、減脂、強骨、添活力

作　　者／簡邦平
選　　書／林小鈴
責任編輯／潘玉女

行銷經理／王維君
業務經理／羅越華
總 編 輯／林小鈴
發 行 人／何飛鵬
出　　版／原水文化
　　　　　台北市民生東路二段 141 號 8 樓
　　　　　電話：（02）2500-7008　傳真：（02）2502-7676
　　　　　E-mail：H2O@cite.com.tw　部落格：http://citeh2o.pixnet.net/blog/
發　　行／英屬蓋曼群島商家庭傳媒股份有限公司城邦分公司
　　　　　台北市中山區民生東路二段 141 號 11 樓
　　　　　書虫客服服務專線：02-25007718；25007719
　　　　　24 小時傳真專線：02-25001990；25001991
　　　　　服務時間：週一至週五上午 09:30 ～ 12:00；下午 13:30 ～ 17:00
　　　　　讀者服務信箱：service@readingclub.com.tw
劃撥帳號／19863813；戶名：書虫股份有限公司
香港發行／城邦（香港）出版集團有限公司
　　　　　香港灣仔駱克道 193 號東超商業中心 1 樓
　　　　　電話：(852)2508-6231　傳真：(852)2578-9337
　　　　　電郵：hkcite@biznetvigator.com
馬新發行／城邦（馬新）出版集團
　　　　　41, Jalan Radin Anum, Bandar Baru Sri Petaling,
　　　　　57000 Kuala Lumpur, Malaysia.
　　　　　電話：(603) 90578822　傳真：(603) 90576622
　　　　　電郵：cite@cite.com.my

美術設計／李京蓉
製版印刷／卡樂彩色製版印刷有限公司
初　　版／2021 年 9 月 7 日
初版 3.6 刷／2023 年 10 月 27 日
定　　價／500 元

國家圖書館出版品預行編目 (CIP) 資料

男人 40⁺ 決勝關鍵睪固酮：增肌、減脂、強骨、
　添活力／簡邦平著 . -- 初版 . -- 臺北市：原水
　文化出版：英屬蓋曼群島商家庭傳媒股份有
　限公司城邦分公司發行 , 2021.09
　　面；　公分 . -- (Dr. Me 健康系列；185)
　ISBN 978-986-06681-8-6(平裝)

　1. 睪固酮 2. 雄性激素 3. 問題集

398.69022　　　　　　　　　　110013099

ISBN: 978-986-06681-8-6